반찬 없이도
테이블이 완벽해지는
솥밥

반찬 없이도 테이블이 완벽해지는 **솔밥**
SOTBAB, Steamed rice in stone pot

초판 발행 · 2019년 10월 28일

지은이 · 킴스쿠킹(김서영)
발행인 · 이종원
발행처 · (주) 도서출판 길벗
출판사 등록일 · 1990년 12월 24일
주소 · 서울시 마포구 월드컵로 10길 56 (서교동)
대표전화 · 02) 332-0931 | **팩스** · 02)323-0586
홈페이지 · www.gilbut.co.kr | **이메일** · gilbut@gilbut.co.kr

편집팀장 · 민보람 | **기획 및 책임편집** · 방혜수(hyesu@gilbut.co.kr) | **제작** · 이준호, 손일순, 이진혁
영업마케팅 · 한준희 | **웹마케팅** · 이정, 김진영 | **영업관리** · 김명자 | **독자지원** · 송혜란, 홍혜진

디자인 · 김효진 | **교정교열** · 추지영 | **포토그래퍼** · 장봉영
세트 디자이너 · 정재은 | **포토 어시스턴트** · 이유경, 황시후, 신동민 | **촬영 진행** · 김소영
푸드스타일링 어시스턴트 · 김예나, 유주연, 김은희, 박하진, 박성빈 | **협찬사** · 포근카페
CTP 출력 · 인쇄 · 두경M&P | **제본** · 경문제책

ISBN 979-11-6050-961-8(13590)
(길벗 도서번호 020118)

독자의 1초를 아껴주는 정성 길벗출판사
길벗 | IT실용서, IT/일반 수험서, IT전문서, 경제실용서, 취미실용서, 건강실용서, 자녀교육서
더퀘스트 | 인문교양서, 비즈니스서
길벗이지톡 | 어학단행본, 어학수험서
길벗스쿨 | 국어학습서, 수학학습서, 유아학습서, 어학학습서, 어린이교양서, 교과서

페이스북 · www.facebook.com/gilbutzigy | 트위터 · www.twitter.com/gilbutzigy

독자의 1초를 아껴주는 정성!
세상이 아무리 바쁘게 돌아가더라도
책까지 아무렇게나 빨리 만들 수는 없습니다.

인스턴트 식품 같은 책보다는
오래 익힌 술이나 장맛이 밴 책을 만들고 싶습니다.

땀 흘리며 일하는 당신을 위해
한 권 한 권 마음을 다해 만들겠습니다.

마지막 페이지에서 만날 새로운 당신을 위해
더 나은 길을 준비하겠습니다.

독자의 1초를 아껴주는 정성을 만나보십시오.

저자의 말

　　살아오면서 가장 맛있게 먹었던 음식이 문득 떠오르곤 한다. 너무 비싼 물가 때문에 사과 한 쪽까지 일기장에 기록했던 런던 유학 시절, 우연히 만나 서로의 깊은 이야기까지 나누게 된 친구가 무심히 만들어준 소고기튀김. 거의 3개월 만에 기름진 음식을 먹어서였는지 곧바로 배탈이 나기는 했지만 그 어떤 음식보다 맛있게 먹었다. 아마도 나를 위해 한 그릇을 만들어준 친구의 마음과 그날의 모든 풍경들이 합쳐진 레시피 때문이 아닐까.

내가 좋아하는 친구가 우리 집을 찾아왔을 때, 갑자기 손님이 찾아와 한 끼 식사를 같이 해야 할 때, 그 사람에 대한 내 마음까지 담아 빨리 만들어낼 수 있는 레시피를 많은 사람들과 나누고 싶었다.

나는 수십 년간 요리를 해온 장인도 아니고, 음식에 대해 해박한 지식을 가진 사람도 아니다. 하지만 그렇기에 누구나 할 수 있고, 누군가에게 꼭 한 번쯤은 만들어주고 싶은 음식을 알려줄 수 있는지도 모른다.

몇 해 전까지만 해도 사람들에게 요리를 가르치게 될 줄은 전혀 예상하지 못했다. 메뉴 개발 일을 하면서 평소에 가까운 사람들을 초대해 한 끼 대접하는 것을 좋아했다. 그러다 우연한 기회에 요리 수업을 하게 되었고, 내가 전해준 레시피로 맛있는 음식을 만들어 좋아하는 사람과 행복한 시간을 보냈다는 얘기를 들으면 더할 나위 없이 뿌듯했다. 요리를 못하거나 자신 없는 사람들도 이 책을 통해 요리하는 행복을 느낄 수 있기를 바란다.

부족한 나를 채워주는 사랑하는 남편과 우리 가족, 친구들에게 감사한다. 늘 그랬듯이 앞으로도 몸과 마음이 모두 따뜻해지는 음식을 만들고, 많은 사람들에게 행복한 레시피를 전하고 싶다.

킴스쿠킹

일러두기

- 이 책에 나오는 요리는 2~4인분 기준입니다. 모든 재료의 분량을 기재했으나 사람마다 각자의 양이 달라 맞지 않을 수 있습니다. 우선 레시피 분량 그대로 만들어보고 자신의 양에 맞게 조절하기를 추천합니다.
- 사계절 제철 재료를 바탕으로 요리를 소개합니다. 사계절 내내 구할 수 있는 재료도 있지만 특별히 그 계절에 맛있고 더욱 영양가 있는 재료를 소개했습니다.
- 정량이 크게 중요하지 않은 재료는 어림치로 안내합니다.
- 쌀의 품종과 건조, 보관 상태에 따라 밥물의 양은 달라질 수 있습니다.

목차

제철 재료로 만든 솥밥과 함께
그에 어울리는 사이드 메뉴,
솥밥 주재료를 활용한 응용 레시피까지 소개합니다.

SPRING [봄]

SUMMER [여름]

AUTUMN [가을]

WINTER [겨울]

INTRO

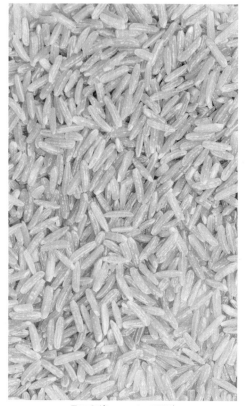

쇼트그레인(short grain, 단립종)　　　　　롱그레인(long grain, 장립종)

쌀의 종류

쌀은 백미부터 흑미, 찹쌀에 이르기까지 종류가 다양하지만 크게 롱그레인 (long grain, 장립종)과 쇼트그레인(short grain, 단립종)으로 나눌 수 있습니다. 쌀알이 짧고 둥근 쇼트그레인은 수분이 많이 함유되어 밥을 지었을 때 윤기가 흐르고 쫀득한 식감이 있습니다. 쌀알이 길쭉한 롱그레인은 밥을 지었을 때 찰기가 없고 푸석푸석해 동남아시아 등지에서 볶음밥에 주로 사용합니다. 일식에 나오는 밥을 먹으면 어쩜 이렇게 찰기가 좋고 윤기가 흐를까 싶은데, 일본 품종의 쌀들은 대부분 쇼트그레인입니다.

솥밥에 가장 많이 사용하는 쌀이 쇼트그레인 중에서 대표적인 일본 품종의 고시히카리입니다. 우리나라 각 지역에서도 재배되는데 일반 쌀보다는 찰기가 좀 더 많고 찹쌀보다는 찰기가 조금 적습니다. 일반 쌀과 찹쌀을 섞어 개량한 품종으로 찹쌀과 일반 쌀의 중간쯤이라고 생각하면 됩니다. 고시히카리는 일반 쌀보다 고소하고 맛있으며 찰기가 오래 유지됩니다.

쌀은 품종도 중요하지만 언제 도정했는지도 중요합니다. 우리나라는 대체로 수확기인 가을이나 겨울에 도정하기 때문에 고시히카리 쌀이라 하더라도 작년 가을에 도정된 것은 수분이 많이 증발해서 쉽게 딱딱해질 수 있습니다. 따라서 쌀을 살 때는 반드시 도정 날짜를 확인하는 것이 좋습니다.

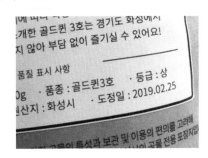

INTRO 02

솥의 종류

밥을 짓는 솥과 쌀의 종류, 재료에 어울리는 육수 등 삼박자가 맞아떨어져야 솥밥을 가장 맛있게 지을 수 있습니다. 어떤 솥에 짓느냐에 따라서도 밥맛이 확연히 달라집니다. 솥 종류도 다양한데 그중 3가지를 소개합니다.

돌솥

우리나라 장수 지역의 곱돌로 만든 돌솥을 추천합니다. 내열성이 좋은 천연석으로 만들기 때문에 금속 재질의 솥으로 지은 밥보다 깊은 맛이 나고 보온성도 좋습니다. 원적외선이 방출되어 가열 시 110~135도까지 열을 낼 수 있습니다. 천연석이기 때문에 중금속 걱정 없이 건강하게 조리할 수 있는 솥입니다. 다만 돌솥 특성상 무게 때문에 크게 만들지 못해 2~3인분밖에 지을 수 없고, 잘못 부딪치면 깨질 수도 있으니 주의해야 합니다. 세척할 때는 물을 부어 30분~1시간 불린 다음 물을 버리고 베이킹소다로 씻어내는 것이 좋습니다.

 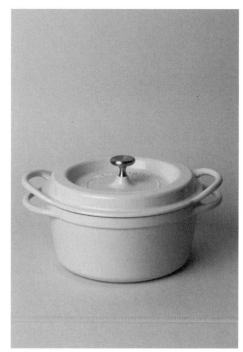

가마도상솥

유기질이 풍부한 흙으로 구워 원적외선 방출이 잘되는 유약을 칠해서 만든 솥으로 직화만 가능합니다. 밥을 지으면 유난히 윤기가 흐르고 고슬고슬합니다. 생선이나 고기를 충분히 넣고 밥을 지어도 될 만큼 뚜껑 안쪽이 넉넉하지만, 금이 잘 가고 깨질 수 있으니 주의합니다.

무쇠솥

최근 스타우브, 루크루제 같은 프랑스 브랜드에서 많이 선보이는 무쇠솥의 장점은 단연 보온이 뛰어나다는 것입니다. 무쇠솥으로 철을 섭취할 수 있다는 연구 결과도 있습니다. 하지만 무거워서 편리하게 사용하기 어려운 단점이 있습니다.

육수 만들기

육수는 고기용 표고버섯 육수, 해물용 가쓰오부시 육수, 그리고 기본 채소 육수를 사용합니다. 육수는 재료별로 다른 방법과 다른 시간으로 끓여 섞어서 사용하는 것이 정석이지만 간편하게 약식 레시피를 소개합니다. 육수는 솥밥뿐 아니라 찌개, 국, 반찬에도 많이 쓰이니 한 번에 만들어 냉장고 또는 냉동실에 보관해두고 수시로 꺼내서 사용하면 편리합니다. 냉장보관은 4~5일, 냉동보관은 한 번 사용할 분량(약 500ml)씩 개별 용기에 넣어두는 것이 좋습니다.

표고버섯 육수
(고기 베이스 솥밥용)

재료

찬물 2.5Ltr, 생표고버섯 4~5개, 무 1토막(약 150g), 대파 1개, 양파 1/2개(약 90g),
마른 다시마(자른 것) 3~4장(약 5g)

만드는 법

1. 무는 깨끗이 씻은 뒤 껍질을 벗기고 작게 썰어주세요.
2. 생표고버섯, 대파, 양파는 껍질째 깨끗이 씻어주세요.
3. 찬물 2.5Ltr에 생표고버섯, 무, 대파, 양파, 마른 다시마를 넣고 끓입니다.
4. 육수가 끓으면 약불로 줄이고 20~30분 더 끓여주세요.
5. 다 끓으면 다시마만 건져내고 상온에서 식혀주세요.
6. 완전히 식으면 나머지 건더기를 체에 걸러내고 육수만 보관합니다.

가쓰오부시 육수
(해물 베이스 솥밥용)

재료

찬물 2.5Ltr, 가쓰오부시 1줌(약 10g), 대파 1개, 양파 1/2개(약 90g), 무 1토막(약 150g),
마른 다시마(자른 것) 3~4장(약 5g)

만드는 법

1. 무는 깨끗이 씻은 뒤 껍질을 벗기고 작게 썰어주세요.
2. 대파, 양파는 껍질째 깨끗이 씻어주세요.
3. 찬물 2.5Ltr에 무, 대파, 양파, 마른 다시마를 넣고 센불에 끓입니다.
4. 육수가 끓으면 약불로 줄이고 20~30분 더 끓여주세요.
5. 가쓰오부시를 넣고 2~3분 더 끓여주세요.
6. 다 끓으면 다시마만 건져내고 상온에서 식혀주세요.
7. 완전히 식으면 나머지 건더기를 체에 걸러내고 육수만 보관합니다.

채소 육수
(기본 솥밥용)

재료

찬물 2.5Ltr, 대파 1개, 양파 1/2개(약 90g), 당근 1개(약 50g), 무 1토막(약 150g),
마른 다시마(자른 것) 3~4장(약 5g)

만드는 법

1. 대파, 당근, 무, 양파는 껍질째 깨끗이 씻어주세요.
2. 무, 당근은 껍질을 벗기고 토막을 냅니다.
3. 찬물 2.5Ltr에 무, 대파, 양파, 마른 다시마, 당근을 넣고 센불에 끓입니다.
4. 육수가 끓으면 약불로 줄이고 20~30분 더 끓여주세요.
5. 다 끓으면 다시마만 건져내고 상온에서 식혀주세요.
6. 완전히 식으면 나머지 건더기를 체에 걸러내고 육수만 보관합니다.

INTRO
04

자주 쓰이는 양념과 재료

솥밥에서 가장 많이 쓰이는 양념 중 생소한 몇 가지와 채소를 소개합니다.

1. 엑스트라버진 올리브오일

요리에 많이 사용하는 엑스트라버진 올리브오일은 우리나라의 참기름과 같은 역할을 합니다. 올리브오일 중 최상위 등급인 엑스트라버진은 전체 올리브 생산량 중 10% 정도밖에 생산되지 않습니다. 올리브를 첫 번째로 압착해서 얻은 오일로 맛과 향이 가장 뛰어나고 신선합니다. 하지만 발연점이 낮아 열에 약하기 때문에 그냥 먹거나 샐러드와 파스타에 뿌려서 먹는 것이 좋습니다. 버진 올리브오일은 엑스트라버진을 얻고 난 후에 압착하는 중급 오일입니다.

2. 퓨어 올리브오일

퓨어 올리브오일은 정제 올리브오일과 버진 올리브오일를 8:2로 혼합해 인위적으로 산도를 1.5% 이하로 낮춘 것입니다. 퓨어 올리브오일은 맛과 향이 거의 없고 가열해도 맛이 변하지 않아 조리용으로 적합합니다.

3. 화이트와인 비네거

화이트와인으로 만든 식초로 양조식초보다 발효된 맛이 덜합니다. 상큼하고 깔끔해서 샐러드나 소스에 많이 사용합니다.

4. 매실당

매실청보다 과즙 함량이 적고 신맛이 느껴지지 않으며 좀 더 달달한 매실당은 올리고당 대신 적당히 넣으면 음식 맛이 훨씬 좋아집니다.

5. 홀그레인 머스터드

겨자씨를 거칠게 부숴 식초와 향신료를 첨가해 만든 것으로, 샐러드 드레싱이나 샌드위치에 바르는 소스에 주로 사용합니다.

6. 샬롯

미니 양파라고 할 만큼 일반 양파보다 훨씬 작은 샬롯은 유럽과 동남아시아에서 주로 재배됩니다. 둥근 모양과 긴 타원형이 있는데, 맛의 차이는 거의 없습니다. 우리나라 양파보다 매운맛이 덜하고 단맛이 강하며 식감이 연해서 샐러드에 넣거나 드레싱에 많이 사용합니다.

7. 그라나 파다노 치즈

삼각형 모양의 단단한 치즈로 샐러드와 파스타에 바로 갈아서 뿌려 먹습니다. 말린 과일이나 견과류에 곁들여도 잘 어울립니다. 그라나 파다노 치즈와 비슷한 종류로 파르미지아노 레지아노, 파르메산 등이 있습니다.

8. 요리용 화이트와인

파스타나 해산물 요리에는 꼭 들어가야 하는 화이트와인은 저렴한 샤도네이 품종을 사두는 것이 좋습니다. 뚜껑이 코르크가 아닌 돌려서 따는 스크류 캡 또는 종이팩에 든 와인을 사용하는 것이 편리합니다. 개봉 후에는 서늘한 곳이나 냉장고에 보관하세요.

INTRO 05

쌀밥 짓기

기본적으로 가장 많이 먹는 하얀 쌀밥(백미)은 다른 반찬이나 재료를 곁들이지 않아도 그 자체로 달고 구수한 맛이 납니다. 쌀의 종류, 도정 날짜, 육수, 솥의 종류에 따라 밥을 짓는 방법이 다르지만 여기서는 가장 많이 쓰는 돌솥을 기준으로 소개합니다.

쌀은 흐르는 물에 여러 번 씻어주세요.

씻은 쌀을 체에 걸러 20분간 물기를 뺍니다.

재료에 어울리는 육수로 쌀의 1.3배가량 밥물을 잡아주세요.(고슬밥은 쌀의 약 1.1배로 밥물을 잡아줍니다.)

Q&A 솥밥 만들기

Q 밥물이 넘쳐요.
A 압력솥이 아니기 때문에 뚜껑의 무게에 따라 밥물이 넘칠 수 있습니다. 끓어오르는 순간 불을 줄이면 넘치는 것을 최소화할 수 있어요.

Q 밥물은 어느 정도로 잡아야 하나요?
A 쌀과 밥물의 양은 이론적으로는 1:1.3이지만, 쌀의 보관 상태나 날씨에 따라서도 약간의 차이가 있습니다.

Q 솥밥을 지을 때 1인분은 어느 정도 분량이 적당한가요?
A 마른 쌀을 기준으로 종이컵 1+1/2컵이면 약 2인분 분량이 됩니다. 토핑이 푸짐하게 올라가는 솥밥의 경우 약 100g 정도면 1인분으로 적당합니다.

Q 잡곡 말고 쌀만 섞어서 밥을 지어도 되나요?
A 종류가 다른 2~3가지 쌀을 좋아하는 비율로 섞어서 밥을 짓기도 합니다.

Q 돌솥이 아닌 경우에도 조리 시간이 같나요?
A 쌀을 불리는 시간은 20분으로 같지만, 솥의 종류에 따라 가열되는 시간이 다릅니다. 가마도상솥은 냄비 전체가 가열되는 시간이 가장 오래 걸립니다. 센불에 약 7~8분 가열하고 약불로 약 25분, 뜸 들이는 시간이 약 15분이면 적당합니다. 무쇠솥은 센불에 약 2~3분, 약불 15분, 뜸 들이는 시간 15분이면 됩니다.

센불에 올리고 약 5분간 가열해주세요.(불 세기에 따라 약간의 차이가 있습니다.)

밥이 끓기 시작하면 반드시 약불로 줄이고 약 10~15분 가열합니다.(15분이 다 되어가면 누룽지가 조금씩 만들어지니, 깔끔하게 밥만 원한다면 10분 정도가 적당합니다.)

불을 끄고 뚜껑을 덮은 상태에서 15분 이상 뜸을 들입니다.(밥을 조금만 남기고 퍼낸 다음 약불에 15분 이상 두면 노릇노릇한 누룽지가 생깁니다. 뜨거운 물을 붓고 뚜껑을 닫아놓았다가 숭늉을 즐겨보세요.)

TIP 1 밥 짓는 공식 외우기

밥 짓는 시간을 '20-5-10-15'로 외워두고, 이 시간에 맞춰서 지으면 절대 실패하지 않습니다. 집집마다 불 세기가 달라 약간의 시간 차이가 날 수는 있습니다. 일단 이 시간대로 밥을 해보고 원하는 밥맛에 조금씩 맞춰 자신만의 시간을 정해봅니다.

TIP 2 잡곡밥 짓기

곡물마다 물을 먹는 시간과 익는 시간이 달라 잡곡으로 솥밥을 짓기가 까다롭습니다. 특히 현미는 백미보다 불리는 시간이 오래 걸리니 따로 불려두어야 합니다. 현미는 2시간, 백미는 20분간 불립니다. 검은콩은 물에 쉽게 불지만 병아리콩처럼 딱딱한 콩은 하루 이상 불려야 합니다. 잡곡밥은 전기밥솥이나 압력솥을 사용할 것을 추천합니다.

테이블 세팅 소품 준비하기

맛있는 음식은 눈으로 먼저 먹는다는 말이 있습니다. 요리를 더욱 빛내줄 테이블 세팅은 사실 그리 어렵지 않습니다.
간단한 몇 가지 품목만 가지고 레스토랑처럼 멋진 분위기를 얼마든지 연출할 수 있습니다.

1. 디너 차저

테이블 세팅에서 맨 아래 놓는 그릇을 디너 차저(Dinner Charger)라고 합니다. 레스토랑에서는 세팅만 해두고 손님이 착석하면 차저를 빼는 경우가 대부분입니다. 하지만 집에서는 맨 마지막 메인 요리가 놓이는 그릇으로 사용해보는 것도 좋습니다. 차저는 가장 단순한 디자인과 색상이어야 다른 그릇과 잘 어울리고 테두리가 높지 않은 것을 추천합니다. 메뉴를 생각하면서 디너 차저부터 차근차근 쌓아올리듯이 그릇을 세팅하면 보기에 좋습니다. 한식 분위기를 연출하고 싶다면 사각 플레이트, 양식 분위기를 원한다면 지름 26cm 이상의 원형 차저를 추천합니다. 식탁 모양에 맞게 선택하는 것도 좋습니다.

2. 파스타볼

파스타 외에도 담을 수 있는 활용도가 아주 좋은 그릇입니다. 가끔 메인 요리를 담아도 되고, 샐러드나 수프를 담을 수도 있습니다. 너무 깊지 않은 것이 좋고, 그릇 테두리(림)가 너무 넓으면 과해 보일 수 있으니 주의합니다.

3. 밥그릇, 국그릇

밥그릇과 국그릇도 한 가지로 통일하기보다 2~3가지 디자인을 마련해두는 것이 좋습니다. 하지만 너무 다양한 디자인을 섞어 놓으면 너저분해 보일 수 있으니 주의합니다. 다른 그릇과 잘 어울릴 수 있도록 단순한 디자인이 좋고, 면기처럼 큰 국그릇은 피하는 것이 좋습니다.

4. 찬그릇, 작은 종지

작은 종지들은 의외로 활용도가 높습니다. 같은 모양으로 여러 개를 사는 것보다 2~4개씩 다양한 디자인으로 믹스매치하면 단조로움을 피할 수 있습니다. 하얀색의 심플한 디자인을 기본으로 마련해두고, 소재가 다른 유기나 유리 종지, 모양이나 무늬가 화려한 것을 다양하게 사두면 좋습니다. 예를 들어 유기 종지와 1980~1990년대 본차이나 종지를 함께 놓으면 멋지게 어울립니다. 종지들은 한식을 연출할 때는 개인 찬기로 쓰고, 양식을 연출할 때는 소스나 애피타이저, 핑거푸드를 담기에 아주 좋습니다.

5. 커트러리

한식에 어울리는 디자인으로 마련합니다. 현대적인 디자인도 좋지만 한식에는 아무래도 유기 수저 세트가 잘 어울립니다. 오른손잡이를 기준으로 나이프와 스푼은 접시의 오른쪽, 포크는 왼쪽에 놓습니다. 파스타는 양쪽에 하나씩 두거나 한쪽에 같이 두어도 상관없습니다. 그릇으로 치면 종지와 같은 역할을 하는 티스푼은 다양한 디자인을 마련해두면 재미있게 연출할 수 있습니다.

6. 테이블 매트

그릇이나 커트러리 세트를 테이블 매트 위에 올리면 훨씬 멋스러운 분위기를 낼 수 있습니다. 냅킨 겸용으로 쓸 수 있는 패브릭 재질과 매트 전용의 합성피혁까지 다양하게 있습니다. 테이블 매트는 반드시 깔아야 하는 것은 아닙니다. 테이블보를 씌우고 디너 차저를 놓아도 됩니다. 모던한 분위기를 좋아한다면 합성피혁, 내추럴한 느낌을 원한다면 패브릭 테이블 매트를 사용합니다.

7. 테이블 냅킨

무릎에 깔거나 입 또는 손을 닦을 때 사용하는 테이블 냅킨은 종이보다 패브릭이 테이블에 생기를 불어넣기에 더 좋습니다. 특별한 날은 테이블 냅킨을 다양한 모양으로 접어놓으면 한층 분위기를 돋울 수 있습니다.

8. 촛대

하나만으로도 강력한 분위기를 연출할 수 있는 아이템입니다. 평소에 초를 켜는 것을 즐긴다면 디자이너의 촛대를 마련해보고, 자주 켜지 않는다면 손잡이 없는 유리잔을 활용하는 것도 좋습니다.

9. 플루트 또는 넓은 샴페인잔

샴페인잔은 생각보다 훨씬 다양합니다. 흔히 길고 입구가 좁은 플루트를 많이 사용하지만, 빈티지가 오래된 샴페인의 풍미를 훨씬 높일 수 있는 넓은 모양의 잔을 테이블에 놓으면 훨씬 분위기가 있답니다.

10. 화이트와인잔

화이트와인잔은 기본적인 잔 외에 넓은 잔을 활용합니다. 그 중에서도 공기와의 마찰을 올려주는 넓은 화이트잔인 몽라쉐는 부르고뉴 최상위 샤도네이 생산지 중 하나를 말합니다.

11. 레드와인잔(버건디잔과 부르고뉴잔)

레드와인의 신맛과 떫은맛을 줄이고 풍미를 더욱 끌어올리려면 품종에 알맞은 잔을 사용하는 것이 좋습니다. 특별한 구분 없이 무난하게 즐긴다면 버건디잔을, 여기에 한 가지 더 추가하고 싶다면 볼이 좀 더 넓은 부르고뉴잔을 추천합니다.

TIP 상황에 따른 테이블 세팅 연출법

• 간단한 2인 세팅

둘만을 위해 간단한 테이블을 연출하고 싶을 때는 촛대와 오브제를 사용하는 것이 좋습니다. 솥밥에 어울리는 테이블 매트나 트레이를 깔고 종지로도 쓰일 수 있는 찬기를 놓는 것만으로 충분합니다.

• 홈브런치 세팅

파스타와 샐러드, 샌드위치 등을 즐기는 홈브런치. 테이블 매트를 깔고 기본적인 모양의 디너 차저에 파스타볼을 겹쳐 놓으면 편안한 분위기를 연출할 수 있어요. 여기에 샴페인잔 하나를 더하면 훨씬 멋스럽답니다.

테이블 플라워 장식하기

테이블에 막상 꽃을 장식하려면 어떤 것을 사야 할지 선택하기가 쉽지 않습니다. 하지만 전문가가 아니더라도 아주 쉽게 꽃을 장식할 수 있습니다. 꽃을 고르는 법부터 다양한 도구를 이용해 연출하는 법까지 소개합니다.

1. 메인 색상, 꽃 선정

그날의 주인공이 될 꽃을 먼저 정합니다. 평소 자신이 좋아하는 꽃을 고르는 것이 가장 무난하고, 꽃시장에서 여러 가지 꽃을 구경해보고 테이블 세팅과 요리에 어울리는 꽃을 선택하는 것도 좋습니다. 메인 꽃은 크고 화려한 것이 연출하기 쉬울 수 있습니다.

2. 보조 꽃

메인 꽃을 더욱 돋보이게 하는 꽃을 선택합니다. 초보자들이 가장 많이 하는 실수가 비슷한 모양과 크기의 꽃들만 고르는 것입니다. 보조 꽃은 메인 꽃보다 확연히 작은 것으로 선택하고 비슷한 계열이면서도 색깔 차이가 분명한 것이 좋습니다. 한 단계 더 나아가면 메인 꽃과 다른 색깔로 과감하게 연출해봅니다.

3. 소재

메인 꽃과 보조 꽃을 풍성하게 연출하는 소재는 녹색 계열이면 뭐든 좋습니다. 가장 많이 쓰이는 유칼립투스부터 레몬잎, 냉이초 등 톤이 다른 한두 가지를 섞으면 더욱 멋지게 연출할 수 있습니다. 가끔 소재만 테이블에 깔아두어도 테이블에 싱그러운 기운이 가득합니다.

4. 화기

꽃꽂이 전용으로 한두 개를 마련해도 되고, 가끔 깨끗이 씻어둔 주스병이나 잼병을 활용해도 자연스러운 분위기를 연출할 수 있습니다. 테이블 꽃 장식을 할 때 가장 흔한 실수는 전체적으로 높게 꽂는 것입니다. 그렇게 하면 앉았을 때 눈높이에서 꽃 전체가 보이지 않습니다. 화기에 꽂았을 때 꽃 전체가 눈에 들어오는 높이가 가장 아름답습니다.

TIP 꽃시장 정보

• **강남고속터미널 꽃시장(2층)**
매일 23:30~다음 날 12:00(일요일 휴무, 단으로만 판매 가능, 현금만 가능)
생화와 조화 구간이 나뉘어 있으며 조화 구간 곳곳에 생이끼와 돌, 나무를 파는 곳이 있다.

• **양재동 AT화훼공판장**
매일 24:00~다음 날 12:00(일요일 휴무, 단으로만 판매 가능, 현금만 가능)
생화와 조화 구간이 나뉘어 있으며 근처에 화훼단지가 있어 화분을 사기 편리하다.

SPRING

바지락솥밥
SOTBAB WITH CLAMS

봄바람이 살랑살랑 불어오면 더욱 살이 차오르고 맛있는 바지락. 보통 깔끔한 국을 끓이거나 칼국수에 넣어 먹는 바지락으로 다양한 요리를 만들 수 있답니다. 친구들을 불러 모아 바지락솥밥과 함께 간단히 바지락을 활용한 안주를 만들어 홈파티를 하면 어떨까요. 바지락만으로도 푸짐하게 차려서 멋진 분위기를 낼 수 있어요.

재료	쌀 200g, 가쓰오부시 육수 220ml, 바지락 500g, 맥주 1Ltr, 쪽파(다진 것) 1T, 고춧가루 1T, 간장 2t,
2인분 기준	매실당 1t, 설탕 1/2t, 참기름 1t, 깨소금 1t

만드는 법

1. 불린 쌀을 솥에 담고 가쓰오부시 육수를 부어 밥물을 맞춘 다음 밥을 지어주세요.
2. 바지락을 깨끗이 씻은 다음 20분간 물에 담가두세요.
3. 바지락을 냄비에 넣고 분량의 맥주를 부어서 센불에 약 5분간 삶아줍니다.
4. 바지락이 입을 모두 벌리면 불을 끄고 하나하나 살을 발라내 주세요.
5. 발라낸 바지락살에 분량의 다진 쪽파, 고춧가루, 간장, 매실당, 설탕, 참기름을 넣고 조물조물 무쳐주세요.
6. 다 된 밥 위에 양념한 바지락을 올리고 남은 양념도 한두 스푼 끼얹어주세요. 마지막으로 깨소금을 뿌려서 냅니다.

TIP 바지락을 물에 담가두면 조금 더 해감되어 찌꺼기를 최대한 없앨 수 있어요. 그리고 맥주에 삶으면 잡내가 없고 풍미도 더 좋아집니다.

솥밥 사이드 메뉴 만들기

바지락팽이버섯국
CLAMS MUSHROOM SOUP

재료	바지락 300g, 마른 다시마(자른 것) 2~3장, 물 1Ltr, 마늘(다진 것) 1t, 청주 1T, 대파(송송 썬 것) 1대,
―	
2인분 기준	팽이버섯 10g, 쑥갓 3g(생략 가능), 소금 조금

만드는 법

1. 바지락은 깨끗이 씻어 20분간 물에 담가두세요.
2. 냄비에 물 1Ltr를 붓고 마른 다시마 2~3장을 넣어 센불에 팔팔 끓여주세요.
3. 물이 끓으면 다시마를 빼고 해감한 바지락과 다진 마늘을 넣어줍니다.
4. 다시 끓어오르면 송송 썬 대파를 넣어주세요.
5. 한 번 더 끓어오를 때 청주를 넣고 중불에 약 5분간 더 끓여주세요.
6. 마지막으로 간이 부족하다 싶으면 소금으로 맞춰주세요. 하지만 바지락국은 조금 심심하게 먹는 것이 좋아요.
7. 그릇에 바지락국을 담고 팽이버섯을 올립니다. 쑥갓을 더해도 좋습니다.

TIP 바지락을 끓일 때 청주를 넣으면 비린 맛을 없애고 국물의 깊은 맛도 더할 수 있어요. 맑은 국에는 청주와 같이 맑은 술을 사용하여 색을 살립니다.

솥밥 주재료 활용하기

이탈리안바지락찜
ITALIAN STYLE STEAMED CLAMS

재료	바지락 400g, 마늘(편 썬 것) 2개, 양파(다진 것) 1/4개, 화이트와인(드라이) 100ml, 이탈리안 파슬
—	리(다진 것) 1T, 엑스트라버진 올리브오일 1t, 올리브오일 50ml, 그라나 파다노 치즈 조금
2인분 기준	

만드는 법

1. 바지락은 깨끗이 씻어 20분간 물에 담가두세요.
2. 팬에 올리브오일을 두르고 편으로 썬 마늘과 다진 양파를 볶아주세요.
3. 마늘과 양파가 살짝 익으면 해감한 바지락을 넣고 한두 번 뒤적이듯이 볶아줍니다.
4. 센불에서 바지락에 화이트와인을 붓고 1분 정도 끓여 알코올을 날려주면 비린 맛을 없앨 수 있어요.
5. 뚜껑을 닫고 3~4분 더 끓여주세요.
6. 익은 바지락찜을 그릇에 담고 다진 이탈리안 파슬리를 뿌려주세요.
7. 마지막으로 엑스트라버진 올리브오일을 한 번 두르고, 그라나 파다노 치즈를 취향껏 갈아서 뿌립니다.

TIP 바지락 껍질 때문에 프라이팬의 코팅이 벗겨질 수 있으니 코팅팬을 사용하지 않는 것이 좋아요.

가자미솥밥
SOTBAB WITH SOLE

봄에 많이 잡히는 가자미는 우리나라 사람들이 즐겨 먹는 생선이에요. 가자미는 주로 찜이나 구이, 조림으로 먹는데, 색다르게 솥밥으로 만들면 별다른 반찬 없이도 담백하게 즐길 수 있어요. 여기에 달걀찜 같은 사이드 메뉴를 곁들이면 멋진 상차림이 될 거예요. 가자미를 조금 특별하게 먹고 싶다면 버터 구이를 해서 와인 안주로 곁들여도 좋답니다.

재료
—
2인분 기준

쌀 200g, 가쓰오부시 육수 220ml, 손질된 국산 가자미 1마리(약 200g), 불린 다시마(자른 것) 5~6장, 청주 200ml, 소금 2t, 후춧가루 조금, 올리브오일 1T, 쪽파(다진 것) 1T

비빔간장 쪽파(다진 것) 1T, 간장 2T, 고춧가루 1t, 매실당 1t, 양조식초 2t, 참기름 1t, 깨소금 1t

만드는 법

1. 가자미에 청주를 붓고 불린 다시마를 감싸듯이 덮어서 1시간 정도 재워두세요.

2. 다시마는 건어내고 청주는 따라낸 다음 가자미에 소금과 후춧가루를 뿌려서 간을 합니다. 팬에 종이호일을 깔고 올리브오일을 둘러 중불에 가자미 껍질 쪽을 먼저 익혀주세요.

3. 가자미 껍질이 노릇노릇 구워지면 뒤집어서 배 쪽을 익힙니다. 속까지 익힐 필요 없이 껍질과 배 부위가 노릇노릇할 정도만 익히면 충분합니다.

4. 불린 쌀을 솥에 담고 가쓰오부시 육수를 부어 밥물을 맞춘 다음 살짝 구운 가자미를 껍질이 위로 오도록 올리고 밥을 지어주세요.

5. 뜸을 들이고 나서 다진 쪽파를 뿌립니다.

6. 분량의 재료로 비빔간장을 만들어 솥밥과 같이 냅니다.

TIP

1 마른 다시마를 청주에 넣고 20분간 상온에 두면 자연스럽게 불려집니다.

2 팬에 종이호일을 깔고 생선을 구우면 껍질이 벗겨지지 않고 깔끔하게 구울 수 있어요.

3 가자미를 가장자리부터 뼈를 발라낸 다음 비빔간장을 넣고 생선살과 밥을 섞어주세요. 비빔간장은 미리 만들어두지 않고 그때그때 먹을 만큼만 만들어 먹어야 더욱 맛있어요.

솥밥 사이드 메뉴 만들기

게살장달걀찜(일본식 달걀찜)
JAPANESE STYLE STEAMED EGGS WITH CRABMEAT

재료

2인분 기준

달걀 2개, 가쓰오부시 육수(달걀물의 1.5배), 게살장 90g(병이나 통조림), 설탕 1t, 소금 1/3t, 샬롯(다진 것) 1/2개, 청주 20ml, 영양부추 또는 처빌(생략 가능), 올리브오일 1t

만드는 법

1. 달걀 2개를 풀고 체에 걸러서 알끈을 제거합니다.

2. 달걀물에 가쓰오부시 육수를 붓고 소금과 설탕으로 간을 맞춘 다음, 젓가락으로 부드럽게 섞어주세요.

3. 중탕을 위해 열탕 가능한 그릇에 달걀물을 담아주세요. 큰 냄비에 물을 조금 채운 다음 달걀물을 담은 그릇을 넣고 반드시 약불로 30분간 가열합니다.(불이 세면 푸딩 같은 질감이 나오지 않으니 주의합니다.)

4. 팬에 올리브오일을 두르고 다진 샬롯을 볶다가 향이 살짝 올라오면 게살장을 넣고 볶아주세요.

5. 볶은 게살장에 청주를 붓고 센불에 알코올을 날리면서 수분이 없어질 때까지 볶아주세요.

6. 완성된 달걀찜 위에 볶은 게살장을 한 숟가락 올리고 영양부추 또는 처빌을 장식합니다.

TIP

1 그릇을 살짝 건드려봤을 때 달걀찜에 물결이 일지 않으면 완전히 익은 것입니다.

2 샬롯 대신 양파를 사용해도 되지만 매운맛이 너무 강할 수 있어요. 다진 양파를 물에 담가두면 매운맛이 조금 빠집니다.

솥밥 주재료 활용하기

가자미버터구이
SOLE MEUNIÉRE

재료	손질된 국산 가자미 1마리(약 200g), 밀가루 30g, 무염버터 30g, 딜 15g, 케이퍼베리 10g(케이퍼로
2인분 기준	대체 가능), 소금 1t, 후춧가루 조금, 올리브오일 50ml, 레몬 1/4쪽

만드는 법

1. 가자미는 소금과 후춧가루로 간을 한 다음 껍질 쪽에만 밀가루를 살짝 묻힙니다.
2. 오븐팬에 올리브오일을 뿌리고 가자미와 버터를 올려주세요.
3. 가자미 위에 딜을 듬성듬성 뿌리고 190도로 예열한 오븐에 35분간 구워주세요.(가자미 크기에 따라 굽는 시간이 늘어날 수 있어요. 딜은 조금 남겨두었다가 마지막에 장식할 때 한 번 더 사용합니다.)
4. 구운 가자미를 접시에 담고 케이퍼베리와 딜을 듬성듬성 뿌려줍니다.
5. 레몬 1/4쪽을 같이 내고, 먹기 직전에 뿌려 먹습니다.

TIP

1 우아하면서도 상큼한 특유의 향이 있는 딜은 대체 재료가 없어요. 생략해도 되지만 좀 더 평범한 맛이 됩니다. 케이퍼베리는 케이퍼보다 껍질이 연하고 상큼한 맛이 특징이에요. 케이퍼베리 대신 케이퍼를 사용해도 됩니다.
2 팬에 구울 때는 생선 껍질이 벗겨지지 않도록 종이호일을 깔고 올리브오일을 둘러주세요. 센불에 가자미를 올리고 양쪽 모두 노릇노릇 구워지면 아주 약한 불로 줄여서 한쪽당 9분 이상씩 양쪽을 골고루 익힙니다.
3 밀가루를 묻히면 생선 껍질 부분을 조금 더 바삭하게 구울 수 있어요.
4 레몬을 곁들이면 생선 비린 맛을 줄이고 신맛이 가미되어 감칠맛을 살립니다.

꼬막무솥밥

SOTBAB WITH CLAMS AND TURNIP

바지락이 쫄깃하면서 부드러운 식감이라면 꼬막은 씹는 맛이 훨씬 더 강하고 특유의 육즙이 흘러나와 풍미가 더욱 좋습니다. 보통 꼬막은 삶아서 양념에 무쳐 반찬으로 먹죠. 조금 색다르게 꼬막과 무를 넣고 고슬고슬 솥밥을 지어보세요. 비법 양념장에 비벼 먹으면 하루의 스트레스가 확 풀릴 거예요.

재료	쌀 200g, 가쓰오부시 육수 200ml, 꼬막 400g, 맥주 500ml, 무(채 썬 것) 100g
2인분 기준	**비빔간장** 쪽파(다진 것) 1T, 청양고추(다진 것) 1T, 간장 2T, 매실당 1t, 양조식초 2t, 참기름 1t, 깨소금 1t

만드는 법

1. 꼬막은 칫솔이나 작은 손교 겹을 따라 꼼꼼히 닦아서 깨끗이 씻어주세요.
2. 꼬막을 냄비에 담고 물 대신 맥주를 부어 센불에 약 9분간 삶아주세요.
3. 꼬막을 식혀서 살만 발라냅니다.(꼬막은 익어도 입이 완전히 벌어지지 않아요. 꼬막 껍질의 이음새 부분에 숟가락을 넣고 비틀면 입이 잘 벌어집니다.)
4. 불린 쌀을 솥에 담고 가쓰오부시 육수로 밥물을 맞춰주세요.
5. 쌀 위에 가늘게 채를 썬 무를 깔고 꼬막살을 올려 밥을 지어주세요.
6. 분량의 재료로 비빔간장을 만들어 솥밥과 같이 냅니다.

TIP

1 무에서 나오는 수분이 생각보다 많기 때문에 밥물과 쌀의 비율을 1:1로 맞춰야 질지 않고 고슬한 밥을 지을 수 있어요.
2 맥주를 부어 꼬막을 삶으면 잡내를 없앨 수 있어요.

솥밥 사이드 메뉴 만들기

무채무침
SPICY TURNIP SALAD

재료

—

2인분 기준

무 300g, 소금 1T, 설탕 2T, 양조식초 2T, 고춧가루 1T, 쪽파 또는 영양부추 조금

만드는 법

1. 무는 가늘게 채를 썰어서 준비하세요.
2. 무채에 소금을 뿌리고 골고루 섞은 다음 상온에 20분 정도 절여둡니다.
3. 절인 무채를 찬물에 여러 번 헹궈 소금기를 제거한 다음 면포에 싸거나 손으로 물기를 꽉 짜주세요.
4. 절인 무채에 분량의 설탕, 양조식초, 고춧가루를 넣고 조물조물 무쳐주세요.
5. 쪽파 또는 영양부추를 무와 비슷한 길이로 썰어서 같이 무칩니다.

TIP 쪽파 또는 영양부추를 넣고 무치면 색깔도 다채롭고 맛도 좋아요. 물을 살짝 묻힌 키친타월을 보관용기 바닥에 깔고 담아두면 더 오랫동안 싱싱하게 먹을 수 있어요.

솥밥 주재료 활용하기

매콤꼬막장
SPICY GLAZED CLAMS

재료
—
2인분 기준

꼬막 400g, 맥주 500ml, 간장 1T, 마늘(다진 것) 1t, 매실당 1T, 설탕 1t, 고춧가루 1T,
쪽파(다진 것) 1T, 깨소금 1t

만드는 법

1. 꼬막은 칫솔이나 작은 솔로 결을 따라 꼼꼼히 닦아서 깨끗이 씻어주세요.
2. 냄비에 꼬막을 담고 물 대신 맥주를 부어 센불에 약 10분간 삶아주세요.
3. 끓어오르면 불을 끄고, 식혀서 꼬막살만 발라냅니다.
4. 믹싱볼에 꼬막살을 담고 분량의 간장, 다진 마늘, 매실당, 설탕, 고춧가루, 다진 쪽파, 깨소금을
   넣고 무칩니다.
5. 꼬막장은 열탕소독한 유리병이나 반찬통에 담아 냉장보관하면 3~4일간 먹을 수 있어요.

TIP 소면을 삶아서 꼬막장으로 비벼 먹어도 맛있답니다.

장어솥밥
SOTBAB WITH EEL

나른한 봄 햇살에 자꾸만 춘곤증이 몰려오고 기력도 떨어지곤 합니다. 나와 가족들의 피로 회복을 위해 장어로 보양솥밥을 만들어보세요. 요즘은 마트에서도 민물장어를 쉽게 구할 수 있어요. 식당에서 사 먹어야 할 것만 같은 장어솥밥을 집에서 간단히 만들 수 있답니다.

재료

2인분 기준

쌀 200g, 가쓰오부시 육수 220ml, 손질된 민물장어 1마리(약 250g), 청주 200ml, 올리브오일 1T, 소금 조금, 후춧가루 조금, 생강채 1T, 깨소금 1t

장어 소스 마늘(다진 것) 1/2t, 간장 1T, 오코노미야키 소스(시판용) 1T, 생강(다진 것) 1t, 버터 20g, 복분자주 1T, 설탕 1+1/2T, 매실당 1t

만드는 법

1. 장어는 청주를 부어 상온에 약 30분간 재워두세요.
2. 냄비에 분량의 다진 마늘, 간장, 오코노미야키 소스, 다진 생강, 복분자주, 버터, 설탕, 매실당을 모두 넣고 센불에 약 3~4분 끓여주세요.
3. 불린 쌀을 솥에 담고 가쓰오부시 육수로 밥물을 맞춘 다음 장어 소스 2T를 넣어서 밥을 지어주세요.(남은 소스는 장어에 발라 구울 거예요.)
4. 재워둔 장어는 청주를 따라내고 소금과 후춧가루로 살짝 간을 해주세요. 팬에 올리브오일을 두르고 중불에 껍질 쪽부터 앞뒤로 노릇하게 초벌구이를 해주세요.
5. 장어를 앞뒤로 한 번씩 구운 다음 불을 가장 약하게 줄이고 장어 소스를 발라가면서 약 10분간 앞뒤로 번갈아 구워 완전히 익혀주세요.
6. 구운 장어를 먹기 좋게 잘라서 다 된 밥 위에 올리고 생강채와 깨소금을 뿌립니다.

솥밥 사이드 메뉴 만들기

마늘복분자조림
GLAZED GARLIC IN PLUM WINE

| 재료 | 통마늘 200g, 복분자주 100ml, 매실당 1T, 양조식초 2T, 간장 1T, 올리브오일 1T |

2인분 기준

만드는 법

1. 팬에 올리브오일을 두르고 중불에서 통마늘을 살살 볶아주세요.
2. 냄비에 분량의 복분자주, 매실당, 양조식초, 간장을 넣고 중불에서 약 5분간 졸여 소스를 만듭니다.
3. 마늘에 소스를 부어 자작하게 약 15분간 졸입니다.
4. 양념이 자작하게 졸아들면 열탕소독한 유리병에 담아 보관합니다.(뜨거울 때 유리병에 담아도 상관없어요.)

TIP 마늘복분자조림은 생고기를 구워 먹을 때나 스테이크에 곁들이면 아주 맛있답니다. 냉장보관하면 10일 정도 먹을 수 있어요.

솥밥 주재료 활용하기

장어튀김

FRIED EEL

재료	손질된 민물장어 1마리(약 250g), 튀김가루 150g, 미림 50ml, 찬물 250ml, 소금 1/2t,	
—	식용유(튀김용) 500ml, 트러플 소금 조금, 검은깨 1t	
2인분 기준		

만드는 법

1. 튀김가루에 분량의 미림과 찬물, 소금을 섞어 튀김 반죽을 만들어주세요.
2. 장어를 먹기 좋은 크기로 잘라주세요.
3. 팬에 식용유(튀김용)를 붓고 약 180도로 가열합니다.(튀김 반죽을 한 방울 떨어뜨렸을 때 바로 튀어오르는 정도가 적당합니다.)
4. 장어에 튀김 반죽을 묻혀서 튀겨주세요. 한 번 튀긴 장어를 체에 받쳐두었다가 약 5~6분 후에 한 번 더 튀기면 더 바삭합니다.
5. 노릇하게 튀긴 장어를 그릇에 담고 트러플 소금을 뿌려서 간을 맞춥니다.

TIP 트러플 소금 대신 천일염을 사용해도 되지만 그러면 평범한 장어튀김이 됩니다.

방풍나물삼겹솥밥

SOTBAB WITH PORK BELLY AND KOREAN HERB

봄이 되면 파릇파릇 돋아나는 봄나물이 밥상을 향긋하게 만듭니다. 어릴 때는 잘 먹지 않던 봄나물이 한살한살 나이를 먹을수록 입맛을 돋운답니다. 그중에서도 특유의 향이 좋은 방풍나물과 삼겹살로 솥밥을 지어보세요. 방풍나물의 향긋함이 밥에 가득 배고 삼겹살의 느끼함까지 잡아줍니다.

재료
—
2인분 기준

쌀 200g, 표고버섯 육수 220ml, 방풍나물 50g, 대패삼겹살 200g, 미림 1T, 마늘(다진 것) 1t,
생강가루 1t, 대파(다진 것) 2T, 소금 1t, 매실당 1t, 영양부추(다진 것) 1T, 깨소금 조금
비빔간장 쪽파(다진 것) 1T, 간장 2T, 고춧가루 1t, 매실당 1t, 참기름 1t, 깨소금 1t

만드는 법

1. 깨끗이 씻은 방풍나물은 이파리만 떼어내 먹기 좋은 크기로 썰어주세요.

2. 대패삼겹살은 1cm 크기로 작게 잘라 분량의 미림, 다진 마늘, 생강가루, 다진 대파, 소금, 매실당을 넣고 조물조물 무쳐주세요.

3. 팬을 센불에 예열하고 양념한 대패삼겹살을 볶아주세요. 밥을 지을 때 넣으니 80% 정도만 익히면 됩니다.

4. 불린 쌀을 솥에 담고 표고버섯 육수로 밥물을 맞춘 다음 볶은 대패삼겹살과 방풍나물을 올려서 밥을 지어주세요.

5. 다 된 밥 위에 다진 영양부추와 깨소금을 뿌립니다.

6. 분량의 재료로 비빔간장을 만들어 솥밥과 같이 냅니다.

TIP 대패삼겹살과 방풍나물, 밥을 골고루 섞은 다음 비빔간장을 넣고 비벼야 맛있답니다.

쪽파무침
SPRING ONION SALAD

재료 — **2인분 기준**	쪽파 한 줌(약 100g), 물 1Ltr, 소금 1t, 양조식초 1T, 고춧가루 1T, 참기름 1t, 매실당 1t, 깨소금 1t, 설탕 1/2t
만드는 법	1. 쪽파는 깨끗이 씻어서 준비합니다. 2. 냄비에 물을 붓고 소금을 넣어 팔팔 끓으면 쪽파를 약 15초 정도 데쳐주세요. 3. 데친 쪽파를 찬물에 헹군 다음 물기를 꽉 짜주세요. 4. 쪽파를 약 4~5cm 길이로 먹기 좋게 잘라주세요. 5. 쪽파에 분량의 양조식초, 고춧가루, 참기름, 매실당, 깨소금, 설탕을 넣고 조물조물 무칩니다.

TIP 냉장보관하면 맛이 떨어지니 바로 먹을 양만 만드는 것이 좋아요.

솥밥 주재료 활용하기

방풍나물오일파스타
OIL PASTA WITH SHRIMP AND KOREAN HERB

재료
—
2인분 기준

스파게티 또는 링귀니 파스타 250g, 방풍나물(잘게 썬 것) 70g, 중새우(껍질째) 6마리, 양파(다진 것) 1/4개, 마늘(편 썬 것) 4개, 올리브오일 100ml, 화이트와인(드라이) 2t, 소금 1T, 엑스트라버진 올리브오일 1T, 그라나 파다노 치즈 10g, 물 2.5Ltr

만드는 법

1. 물 2.5Ltr에 소금 1T, 올리브오일 1t를 넣고 팍팍 끓으면 파스타를 넣고, 약 9분간 익혀주세요.(면수는 파스타를 볶을 때 사용하니 버리지 말고 남겨두세요.)
2. 새우는 머리와 꼬리는 남기고 몸통의 껍질만 벗겨냅니다.(새우는 오일에 향을 입히는 용도로 쓰기 때문에 굳이 내장을 제거할 필요는 없어요.)
3. 팬에 올리브오일을 두르고 편으로 썬 마늘과 다진 양파를 한꺼번에 넣고 볶아주세요.
4. 마늘과 양파가 노릇노릇 익으면 새우를 넣고 한 번 더 볶은 후 센불에 화이트와인을 부어서 알코올을 날려주세요.
5. 새우가 완전히 익으면 잘게 썬 방풍나물을 넣고 한 번 더 볶아주세요.
6. 삶은 파스타를 넣고 남겨둔 면수를 2국자 부어서 자작하게 졸입니다.
7. 파스타를 그릇에 담고 엑스트라버진 올리브오일을 한 번 두른 다음 그라나 파다노 치즈를 갈아서 뿌립니다.

TIP
1 파스타에 쓸 화이트와인은 샤도네이 품종이 좋고, 코르크보다 캡 뚜껑이 보관하기 편리합니다.
2 파스타 종류에 따라 다르지만 포장지에 알덴테(ALDENTE)라고 적힌 시간만큼 익히면 됩니다.

소고기참나물솥밥

SOTBAB WITH BEEF BELLY AND KOREAN HERB

참나물뿐 아니라 방풍나물, 냉이, 깻순, 쑥 등은 봄에만 먹을 수 있어서 더욱 특별하고 맛있게 느껴집니다. 참나물만으로 솥밥을 지으면 너무 밋밋하지만 소고기를 곁들이면 풍미와 맛이 배가됩니다. 잘 어울리는 2가지 재료로 친숙하면서도 특별한 맛을 즐겨보세요.

재료	쌀 200g, 표고버섯 육수 220ml, 참나물 30g, 우삼겹 100g, 소금 조금, 후춧가루 조금, 깨소금 조금
2인분 기준	**비빔간장** 간장 2T, 매실당 1t, 참기름 1t, 깨소금 1t, 청양고추(다진 것) 1t

만드는 법

1. 참나물은 깨끗이 씻어서 밥을 지을 때 넣을 이파리 부분은 잘게 썰고, 마지막에 올릴 줄기 부분은 잘게 다져서 준비합니다.
2. 우삼겹은 팬에 오일을 두르지 않고 구워서 소금과 후춧가루로 간을 합니다. 밥을 지을 때 넣을 테니 90%만 익히면 됩니다.
3. 불린 쌀을 솥에 담고 표고버섯 육수로 밥물을 맞춘 다음 볶은 우삼겹과 참나물을 차례로 올리고 밥을 지어주세요.
4. 다 된 밥 위에 잘게 다진 참나물 줄기를 올리고 깨소금을 뿌립니다.
5. 분량의 재료로 비빔간장을 만들어 솥밥과 같이 냅니다.

TIP
1 소고기참나물솥밥은 재료를 고루 섞어서 내야 맛이 잘 어우러집니다.
2 우삼겹 대신 차돌박이를 사용해도 좋습니다.

솥밥 사이드 메뉴 만들기

참나물부꾸미
KOREAN HERB PANCAKE

재료 — **2인분 기준**	참나물 30g, 찹쌀가루 80g, 소금 1/2t, 올리브오일 1T **양념간장** 간장 2T, 양조식초 2T

만드는 법

1. 참나물은 깨끗이 씻어서 이파리만 떼어내 사용합니다.
2. 믹싱볼에 참나물 이파리를 담고 찹쌀가루를 골고루 흩뿌려서 버무려주세요. 참나물 이파리들이 서로 달라붙을 정도로 골고루 묻힙니다.
3. 참나물 반죽에 소금을 넣고 살살 섞어서 간을 합니다.
4. 팬에 올리브오일을 두르고 중불로 달궈주세요.
5. 참나물 반죽을 팬케이크 정도 크기로 펴고 노릇하게 부쳐서, 분량의 재료로 만든 양념간장과 같이 냅니다.

TIP 방풍나물, 쑥 같은 봄나물을 부꾸미로 부쳐 먹어도 맛있답니다.

솥밥 주재료 활용하기

참나물치미추리소스
KOREAN CHIMICHURRI SAUCE

재료	참나물 30g, 소금 1t, 올리브오일 150ml, 레몬즙 1T, 매실당 1t, 마늘 1개

2인분 기준

만드는 법

1. 참나물을 깨끗이 씻어서 이파리와 줄기 모두 손으로 대충 자릅니다.
2. 믹서에 참나물과 분량의 올리브오일, 레몬즙, 매실당, 마늘을 넣고 갈아주세요.
3. 열탕소독한 유리병에 담아서 냉장보관하면 약 1주일간 먹을 수 있어요. 먹기 직전에 흔들어서 사용합니다.

TIP 아르헨티나의 대표 소스인 치미추리소스는 우리나라의 쌈장처럼 고기를 먹을 때 곁들이는 소스입니다. 삼겹살이나 목살, 등심 등을 구워 먹을 때 조금 색다른 맛을 즐기고 싶다면 참나물치미추리소스를 곁들여보세요. 주로 파슬리, 바질 등 허브로 만드는데 참나물이나 취나물을 사용해도 좋습니다.

도미당근솥밥
SOTBAB WITH SEA BREAM AND CARROT

봄철에 가장 맛있는 생선이기도 한 도미는 손님상에 올리면 그 웅장한 자태에 다들 감탄하곤 합니다. 고급스러워 보일 뿐 아니라 단백질이 풍부하고 기름기가 적으며 껍질에 비타민 B_2가 많아 몸에 더욱 좋답니다. 한 마리를 사도 되지만 소량으로 손질된 스테이크용 도미를 사면 편하게 만들 수 있어요.

재료	쌀 200g, 가쓰오부시 육수 220ml, 도미(스테이크용) 300g, 당근(간 것) 2T, 미림 100ml, 소금 1t,
—	후춧가루 1/2t, 올리브오일 2T, 영양부추(다진 것) 5g
2인분 기준	**비빔간장** 쪽파(다진 것) 1T, 간장 2T, 고춧가루 1t, 매실당 1t, 양조식초 2t, 참기름 1t, 깨소금 1t

마드는 법

1. 당근은 바드시 강파에 갈아주세요.
2. 팬에 올리브오일을 두르고 불린 쌀을 간 당근과 함께 가볍게 볶아주세요.
3. 도미는 미림을 뿌려 상온에 20분 정도 재워두었다가 소금과 후춧가루로 간을 합니다. 팬에 올리브오일을 두르고 중불에 도미를 껍질 쪽부터 구워주세요.(앞뒤로 노릇노릇할 정도만 구우면 됩니다. 솥밥을 지을 때 올릴 테니 30% 정도만 익히면 됩니다.)
4. 볶은 쌀을 솥에 담고 가쓰오부시 육수로 밥물을 맞춘 다음 살짝 구운 도미를 올리고 밥을 지어주세요.
5. 분량의 다진 쪽파, 간장, 고춧가루, 매실당, 양조식초, 참기름, 깨소금을 넣고 비빔간장을 만듭니다.
6. 밥이 다 되면 도미 위에 다진 영양부추를 수북이 올리고 비빔간장과 함께 냅니다.

TIP 당근을 믹서에 갈면 입자가 뭉개져서 씹는 맛이 없어요. 강판에 갈아야 물기도 없고 식감도 훨씬 좋답니다.

78

솥밥 사이드 메뉴 만들기

냉이부추무침
SPICY SHEPHERD'S PURSE SALAD

재료

—

2인분 기준

냉이 30g, 영양부추 15g, 고춧가루 1T, 간장 1t, 설탕 1t, 매실당 1t, 양조식초 1T, 참기름 1t

만드는 법

1. 냉이와 영양부추는 깨끗이 씻어서 준비합니다. 냉이는 흙이 많은 뿌리 쪽을 깨끗이 씻은 뒤 칼로 살살 긁어 흙을 제거해 주세요.
2. 씻은 냉이와 영양부추를 약 4~5cm 길이로 잘라주세요.
3. 믹싱볼에 냉이와 영양부추를 담고 분량의 고춧가루, 간장, 설탕, 매실당, 양조식초, 참기름을 넣어 섞듯이 가볍게 무쳐주세요.

TIP 채소 무침은 냉장고에 넣어두면 물기가 생겨서 맛이 떨어지니 그때그때 무쳐 먹는 것이 가장 맛있습니다.

솥밥 주재료 활용하기

도미탕수
SWEET AND SOUR SEA BREAM

| 재료
—
2인분 기준 | 도미 필렛 200g, 미림 1T, 튀김가루 75g, 밀가루 75g, 물 400ml, 튀김용 식용유 500ml,
마늘(다진 것) 1t, 올리브오일 1t, 간장 1T, 양조식초 3T, 매실당 1T, 설탕 2T, 전분가루 1t, 물 1T |

만드는 법

1. 도미 필렛을 한입 크기로 자르고 미림을 뿌려서 상온에 30분 정도 재워둡니다.
2. 분량의 튀김가루와 밀가루, 물(300ml)을 섞어 튀김 반죽을 만들어주세요.
3. 팬에 튀김용 식용유를 붓고 달궈주세요.(튀김 반죽을 한 방울 떨어뜨렸을 때 곧바로 튀어오르는 정도가 적당합니다.) 튀김옷을 입힌 도미를 3~4분 튀겨줍니다.
4. 중불에 올리브오일을 두르고 다진 마늘을 볶다가 향이 올라오면 분량의 간장, 양조식초, 물(100ml), 매실당, 설탕을 넣고 1분간 끓여 소스를 만들어주세요.
5. 소스가 끓으면 전분가루(1t)와 물(1T)을 섞어서 만든 전분물을 붓고 걸쭉하게 만들어주세요.
6. 튀긴 도미 위에 소스를 뿌려서 냅니다.

TIP 도미 필렛은 뼈를 제거하고 살만 두껍게 포를 뜬 것입니다. 도미 대신 흰살 생선은 어느 것이나 사용해도 됩니다.

주꾸미삼겹솥밥

SOTBAB WITH BABY OCTOPUS AND PORK BELLY

봄에는 일부러 날을 잡아서라도 꼭 먹어야 할 정도로 주꾸미의 속이 꽉 차고 실하답니다. 여기에 삼겹살까지 곁들여 매콤한 주꾸미삼겹솥밥을 만들어보세요. 가족과 함께 먹거나 친구들을 불러서 대접하면 나른한 봄날 기력이 한층 솟을 거예요.

재료
—
2인분 기준

쌀 200g, 가쓰오부시 육수 220ml, 생주꾸미 3~4마리(소, 약 200g), 대패삼겹살 100g, 미림 100ml, 간장 2T, 매실당 1T, 매운 고춧가루 3T, 고추장 1t, 설탕 1T, 생강가루 1t, 마늘(다진 것) 1t, 대파(다진 것) 1T, 미나리 줄기(다진 것, 콩나물로 대체 가능) 2T

만드는 법

1. 불린 쌀을 솥에 담고 가쓰오부시 육수로 밥물을 맞춰 밥을 지어주세요.
2. 주꾸미는 다리를 뒤집어서 불순물을 제거하고 깨끗이 씻어서 미림을 붓고 주물러주세요.(머리는 손질할 필요 없어요.)
3. 대패삼겹살은 1~2cm 크기로 작게 잘라주세요.
4. 믹싱볼에 삼겹살과 주꾸미를 함께 담고, 분량의 간장, 매실당, 매운 고춧가루, 고추장, 설탕, 생강가루, 다진 마늘, 다진 대파를 넣고 잘 버무려주세요.
5. 오일을 두르지 않은 마른 팬에 센불로 양념한 삼겹살과 주꾸미를 볶아주세요.(살짝 탄 듯이 볶아야 맛있어요.)
6. 다 된 밥 위에 볶은 삼겹살과 주꾸미를 올리고, 다진 미나리 줄기를 올립니다.

TIP
1 국내산 생주꾸미 작은 크기가 요리하기 좋아요.
2 생강가루를 넣으면 잡내 제거에 좋아요.

솥밥 사이드 메뉴 만들기

미나리물김치
WATER KIMCHI WITH WATER PARSLEY

재료	알배추 1/2통(약 200g), 미나리 1단(약 200g), 무 100g, 천일염 4T, 맛소금 1T, 찹쌀가루 1T,
2인분 기준	물 2Ltr, 설탕 1T, 양파(채 썬 것) 1/2개, 대파 1개, 청양고추(어슷썬 것) 3개, 통마늘 6개

만드는 법

1. 알배추는 먹기 좋은 크기로 썰고, 무는 적당한 두께로 납작하게 썰어주세요.
2. 무와 알배추에 맛소금(1T)을 넣고 섞은 다음 30분간 상온에 재워둡니다. 알배추에서 배어 나온 물은 버리지 않고 남겨둡니다.
3. 미나리와 대파는 깨끗이 씻어서 약 4cm 크기로 썰고, 청양고추는 어슷썰기를 합니다.
4. 냄비에 찹쌀가루(1T)와 물(200ml)을 넣고 약한 불에 약 10분간 저어 찹쌀풀을 만들어주세요. 냄비 바닥에 눌어붙지 않도록 계속 저어줍니다.
5. 김치통에 절인 알배추와 무, 미나리, 대파, 채 썬 양파, 청양고추, 통마늘, 물(1.8Ltr), 찹쌀풀을 넣어주세요.
6. 분량의 천일염과 설탕을 넣고 섞어서 간을 맞춥니다. 겨울철에는 이틀, 여름철에는 하루 동안 실온에서 살짝 숙성한 다음 김치냉장고에 보관합니다.

TIP

1 맛소금을 천일염과 섞어서 쓰면 조미료를 넣은 것과 같은 감칠맛을 낼 수 있어요.
2 미나리 외에 열무로 물김치를 담가도 솥밥에 아주 잘 어울립니다.

솥밥 주재료 활용하기

아스파라거스 주꾸미샐러드
BABY OCTOPUS SALAD WITH ASPARAGUS

재료 — 2인분 기준	생주꾸미 4마리(소, 약 200g), 아스파라거스 2대, 그린샐러드믹스 1팩 또는 치커리 반 줌, 소금 1t, 청주 2T **드레싱** 샬롯(다진 것) 1t, 엑스트라버진 올리브오일 1T, 화이트와인 비네거 1T, 꿀 1t, 소금 조금, 후춧가루 조금

만드는 법

1. 아스파라거스는 씻은 다음 감자칼로 줄기 부분의 껍질을 살살 벗겨주세요.(껍질 부분은 질겨
   서 잘 씹히지 않아요.)
2. 끓는 물에 소금(1t)을 넣고 30초간 아스파라거스를 데친 다음 얼음물에 담그면 아삭한 맛이 살
   아납니다.
3. 아스파라거스를 데친 물에 청주를 살짝 넣고 주꾸미를 2분간 데쳐주세요.
4. 데친 주꾸미를 찬물 또는 얼음물에 담가서 헹굽니다.
5. 소스볼에 분량의 다진 샬롯, 엑스트라버진 올리브오일, 화이트와인 비네거, 꿀, 소금, 후춧가루
   를 넣고 섞어서 드레싱을 만들어주세요. 그린샐러드믹스에 드레싱의 2/3를 부어 가볍게 섞어
   주세요.
6. 그릇에 아스파라거스를 담고 샐러드와 주꾸미를 차례로 올린 뒤 남은 드레싱을 둘러주세요.

TIP 아스파라거스는 줄기 끝 지름이 1cm 이상 되는 굵기가 적당합니다. 가늘면 맛이 없어요.

SUMMER

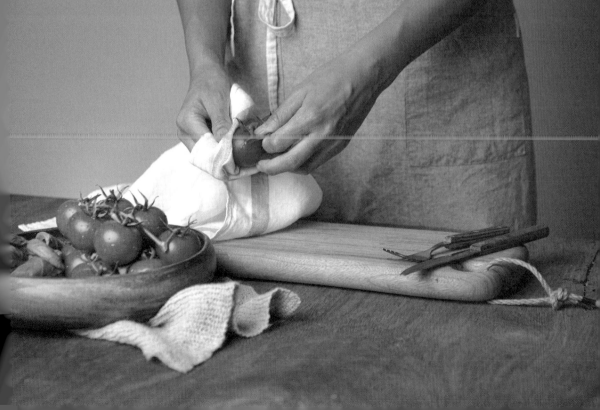

민어솥밥
SOTBAB WITH CROAKER

여름철 민어는 임금님의 보양식으로 수라상에 올릴 정도로 기력을 보충하는 데 좋은 생선이에요. 특히 민어탕은 뼈까지 푹 우려서 먹는답니다. 이렇게 몸에 좋은 민어로 만드는 솥밥. 나를 위해, 또는 기운을 북돋워주고 싶은 소중한 누군가를 위한 한 그릇으로 더욱 좋을 거예요.

재료	쌀 500g, 가쓰오부시 육수 600ml, 반건조 민어 1마리(약 250g), 올리브오일 1T, 대파(다진 것) 1대,
5인분 기준	생강 1쪽(생강채 약 5g), 청주 100ml

만드는 법

1. 팬에 올리브오일을 두르고 중불에 다진 대파를 볶아 파기름을 만들어주세요. 대파는 마지막에 비빌 때 넣을 분량을 남겨두세요.

2. 파 향이 은근하게 올라오면 반건조 민어를 올리고 중불에 앞뒤로 노릇노릇할 정도로 50%만 구워줍니다.

3. 민어가 어느 정도 구워지면 센불로 올리고 청주를 부어 알코올을 날린 후 불을 꺼주세요.

4. 불린 쌀을 솥에 담고 가쓰오부시 육수로 밥물을 맞춘 다음 구운 민어를 가장자리에 둘러서 올리고 그 위에 생강채를 올려 밥을 지어주세요.

5. 다 된 밥 위에 다진 대파를 뿌리고, 생선살만 발라내 비벼줍니다.

TIP
1 생물 민어보다 반건조 민어를 사용하면 고소한 맛이 배가됩니다. 비린내가 심하다면 미림에 5~10분 정도 담가둡니다. 생물 민어는 비늘과 지느러미를 제거하고 조리합니다.
2 민어는 크기가 있어 훨씬 큰 솥이 필요해요.

솥밥 사이드 메뉴 만들기

부추장아찌
PICKLED CHIVES

재료
—
2인분 기준

부추 1/2단(약 100g), 간장 70ml, 양조식초 70ml, 매실당 50ml

만드는 법

1. 부추는 깨끗이 씻어서 약 6cm 길이로 먹기 좋게 썰어주세요.
2. 냄비에 분량의 간장, 양조식초, 매실당을 넣어 섞고 한 번 끓여서 식혀주세요.
3. 열탕소독한 유리병에 부추를 담고 식힌 양념장을 부어주세요.
4. 부추장아찌는 밀봉해서 냉장보관합니다.

TIP 부추장아찌는 15일에서 한 달 정도 냉장보관할 수 있습니다. 차돌박이, 삼겹살 등을 구워 먹을 때 곁들이면 좋아요.

솥밥 주재료 활용하기

민어전
GRILLED CROAKER WITH EGG

재료	민어살 200g, 청주 70ml, 달걀 1개, 밀가루 50g, 청양고추(다진 것) 1t, 소금 1/2t, 후춧가루 조금,
—	올리브오일 1T, 간장 1T, 식초 1T
2인분 기준	

만드는 법

1. 민어살은 얇게 포를 떠서 준비하세요.
2. 민어살에 청주를 부어 샤우에서 약 15분가 재워두세요.
3. 민어살을 건져서 키친타월로 물기를 제거한 후 가볍게 소금과 후춧가루로 간을 해주세요.
4. 달걀을 풀고 다진 청양고추를 섞어주세요.(아이들이 먹을 민어전에는 청양고추를 생략해도 됩니다.)
5. 민어살에 밀가루를 가볍게 묻힌 다음 달걀물을 묻히고 팬에 올리브오일을 둘러 중불에 구워주세요.
6. 분량의 간장과 식초를 섞어 초간장을 만들고 민어전과 함께 냅니다.

TIP

1 포를 뜬 민어살은 백화점이나 마트에서 쉽게 살 수 있어요. 일반 생선 가게에서 살 경우 포를 떠 달라고 요청합니다.

2 민어를 청주에 재우면 비린내도 잡고 생선살도 더 탱글탱글합니다.

이탈리안솥밥
SOTBAB WITH ITALIAN GARNISH

태양이 작열하는 여름이면 더욱 맛있게 익어가는 토마토와 가지를 이용해서 이탈리안 스타일의 퓨전 솥밥을 만들어보세요. 잘 익은 토마토와 가지만 넣어도 맛있지만 살라미 소시지를 추가하면 잘 어우러져 독특한 맛을 즐길 수 있답니다.

재료
—
2인분 기준

쌀 200g, 채소 육수 220ml, 송이토마토 1개, 가지 1/2개, 살라미 소시지 100g, 올리브오일 1T

만드는 법

1. 토마토는 꼭지를 떼어낸 부분에 십자 모양으로 칼집을 살짝 내주세요.
2. 끓는 물에 토마토를 약 15초간 데칩니다.
3. 데친 토마토를 찬물에 넣고 껍질을 벗겨주세요.
4. 살라미 소시지는 잘게 다지고 가지는 약 5mm 두께로 썰어주세요.
5. 팬에 올리브오일을 두르고 센불에 살라미 소시지와 가지를 함께 볶아주세요.(살라미 소시지 대신 좋아하는 다른 소시지를 사용해도 됩니다.)
6. 불린 쌀을 솥에 담고 채소 육수로 밥물을 맞춘 다음 한가운데 토마토를 심듯이 넣어주세요. 그 위에 볶은 가지와 살라미 소시지를 가지런히 올리고 밥을 지어주세요.

TIP
1 밥이 다 되면 토마토를 쪼개서 밥과 가지, 살라미 소시지를 골고루 섞어주세요.
2 방울토마토를 사용해도 좋습니다.

솥밥 사이드 메뉴 만들기

매실토마토절임
PICKLED TOMATO IN PLUM JUICE

재료 — **2인분 기준**	송이토마토 7~8개, 매실원액 250ml, 레몬즙 50ml, 물 200ml, 바질 2~3장, 엑스트라버진 올리브오일 50ml, 소금 조금

만드는 법

1. 송이토마토는 꼭지를 떼어낸 부위에 십자 모양으로 칼집을 살짝 내주세요.
2. 끓는 물에 송이토마토를 약 10초간 데쳐주세요.
3. 데친 송이토마토를 찬물에 담가 껍질을 벗겨주세요.
4. 껍질 벗긴 송이토마토를 유리병에 담고 분량의 물과 매실원액, 레몬즙을 섞어서 부어주세요.
5. 매실토마토절임은 밀봉해서 냉장고에 하루 정도 숙성한 다음 먹습니다. 그릇에 담을 때는 토마토를 담근 매실 물 한 스푼과 엑스트라버진 올리브오일을 두른 다음 소금을 조금 뿌리고 바질을 올립니다.

TIP

1 매실토마토절임은 냉장보관하면 5일 정도 두고 먹을 수 있는데, 2~3일 숙성한 것이 가장 맛있습니다. 소금을 조금 뿌려 부라타 치즈나 생모차렐라 치즈와 곁들여도 좋아요.
2 일반 토마토나 방울토마토를 사용해도 됩니다. 데치는 시간은 크기에 따라 조절합니다.

솥밥 주재료 활용하기

마스카포네가지구이
AUBERGINE GRATIN WITH MASCARPONE CHEESE

재료	가지 1/2개, 마스카포네 치즈 125g, 모차렐라 치즈 100g, 소금 조금, 후춧가루 조금, 올리브오일
2인분 기준	50ml, 토마토소스(시판용) 100g, 엑스트라버진 올리브오일 1T, 그라나 파다노 치즈 20g

만드는 법

1. 가지는 약 5mm 두께로 얇고 길게 썰어주세요.
2. 가지에 소금과 후춧가루로 간을 한 다음 가지 위에 올리브오일을 뿌리고, 중불에 앞뒤로 살짝 구워주세요.
3. 오븐용 그릇에 가지를 깔고 토마토소스를 바른 다음 마스카포네 치즈를 올립니다. 같은 방식으로 겹겹이 쌓아주세요.
4. 맨 위에는 모차렐라 치즈를 올려주세요.
5. 180도로 예열한 오븐에 20분간 구워주세요.
6. 마스카포네가지구이가 완성되면 엑스트라버진 올리브오일을 한 번 두르고, 그라나 파다노 치즈를 갈아서 올립니다.

TIP
1 가지는 오일을 흡수하는 채소이므로 마른 팬에 가지를 올리고 그 위에 올리브오일을 뿌려주세요.
2 마스카포네가지구이에 바질을 올리면 풍미가 더욱 살아납니다.

삼겹가지솥밥
SOTBAB WITH PORKBELLY AND AUBERGINE

여름이 깊어갈수록 가지는 더욱 진한 보랏빛을 띠고 향도 더욱 진해집니다. 싱싱한 가지를 잘랐을 때 나는 향은 그야말로 싱그러운 여름 향기 같아요. 제철 가지에 고소한 삼겹살을 더해 더위에 지친 여름에 입맛을 돋우는 솥밥을 즐겨보세요.

재료	쌀 200g, 표고버섯 육수 220ml, 대패삼겹살 100g, 가지 1/2개, 대파 1대, 미림 50ml, 마늘 2개,
2인분 기준	간장 1T, 매실당 1t, 후춧가루 조금, 올리브오일 1T, 달걀노른자 1개

만드는 법

1. 대패삼겹살은 약 2cm 길이로 작게 잘라주세요.
2. 가지는 약 5mm 두께로 동그랗게 썰고, 마늘과 대파는 다집니다.(다진 대파 절반은 삼겹살을 볶을 때 넣고, 나머지 절반은 마지막에 고명으로 올립니다.)
3. 팬에 올리브오일을 두르고 중불에 다진 마늘과 다진 대파를 볶아주세요.
4. 마늘과 파 향이 올라오면 가지와 삼겹살, 분량의 간장과 매실당, 미림, 후춧가루를 넣고 볶아주세요.(삼겹살은 센불에 90%만 익히면 됩니다.)
5. 불린 쌀을 솥에 담고 표고버섯 육수로 밥물을 맞춘 다음 볶은 삼겹살과 가지를 올려 밥을 지어주세요.
6. 다 된 밥 한가운데 달걀노른자를 올리고 다진 대파를 뿌립니다.

TIP 대패삼겹살이 아닌 경우에는 최대한 얇게 썰어주세요.

솥밥 사이드 메뉴 만들기

가지샐러드
AUBERGINE SALAD

재료	가지 1개, 올리브오일 2T, 소금 1/3t, 후춧가루 1/3t, 이탈리안 파슬리(다진 것) 5g(바질로 대체 가능),
2인분 기준	화이트와인 비네거 1T, 엑스트라버진 올리브오일 1T, 그라나 파다노 치즈 20g

만드는 법

1. 가지는 세로로 절반을 자른 다음 약 5mm 두께로 썰어주세요.
2. 팬에 가지를 올린 다음 올리브오일을 두르고 소금과 후춧가루를 뿌려 중불에 구워주세요.
3. 그릇에 구운 가지를 담고 다진 이탈리안 파슬리를 올려주세요.
4. 화이트와인 비네거와 엑스트라버진 올리브오일을 두르고, 그라나 파다노 치즈를 갈아서 뿌립니다.

TIP
1 가지는 중불에 구워야 무르지 않고 노릇하게 구울 수 있습니다. 가지는 오일을 잘 흡수하기 때문에 마른 팬에 가지를 먼저 올리고 올리브오일을 둘러서 굽는 것이 좋습니다.
2 이탈리안 파슬리 같은 허브가 가지와 잘 어울리지만 바질로 대체해도 맛있어요.

솥밥 주재료 활용하기

이탈리안수육
BOILED PORKBELLY WITH ITALIAN SAUCE

재료
—
2인분 기준

통삼겹살 400g, 맥주 500㎖, 대파 1대, 양파 1/2개, 통마늘 5~6개, 월계수잎 3~4장, 생강 1쪽, 토마토소스(파스타용) 100㎖, 엑스트라버진 올리브오일 1T, 이탈리안 파슬리 5g(바질로 대체 가능), 소금 조금, 후춧가루 조금

만드는 법

1. 냄비에 1/2로 자른 양파, 2~3등분으로 자른 대파 1대를 깔고 통삼겹살을 올린 다음 통마늘, 월계수잎, 생강을 넣어주세요.
2. 삼겹살에 분량의 맥주를 부어주세요.
3. 고기가 충분히 잠길 정도로 물을 부어주세요.
4. 센불에 고기를 삶다가 끓으면 중불로 줄이고 약 45분간 동안 삶아주세요.
5. 접시에 토마토소스를 깔고 그 위에 삶은 통삼겹살을 적당한 두께로 잘라서 올립니다. 삼겹살 위에 엑스트라버진 올리브오일을 두르고, 소금, 후춧가루, 이탈리안 파슬리를 뿌려주세요.

TIP
1 토마토소스는 국내 브랜드보다 해외 브랜드가 덜 달고 맛있습니다.
2 맥주를 넣으면 고기 잡내를 더 효과적으로 잡을 수 있습니다.
3 적당한 두께로 자른 삼겹살을 삶은 국물에 몇번 적시면 더 촉촉하게 먹을 수 있습니다.

치즈옥수수솥밥

SOTBAP WITH CORN AND CHEESE

알알이 여문 옥수수는 그냥 쪄서 먹어도 맛있고, 시원한 옥수수수염차는 더위를 식히기에도 그만이 죠. 조금 색다르게 옥수수 알갱이만 떼어내서 솥밥을 만들어보세요. 아이부터 어른까지 모두 맛있게 즐길 수 있답니다.

재료
—
2인분 기준

쌀 200g, 채소 육수 220ml, 옥수수 알갱이 200g, 무염버터 20g, 크림치즈 80g

만드는 법

1. 옥수수를 세워 알갱이만 칼로 썰어내 버터에 살짝 볶아주세요.
2. 불린 쌀을 솥에 담고 채소 육수를 부어서 밥물을 맞춥니다.
3. 살짝 볶은 옥수수 알갱이와 크림치즈를 올려서 밥을 지어주세요.
4. 옥수수 알갱이와 밥, 크림치즈를 골고루 섞어서 냅니다.

TIP 크림치즈 대신 좋아하는 다른 치즈를 넣어도 됩니다. 초당옥수수를 넣어도 좋아요.

솥밥 사이드 메뉴 만들기

떡갈비

GRILLED SHORT RIB PATTIES

재료	소고기(다진 것) 200g, 돼지고기(다진 것) 200g, 가지 반 개(생략 가능), 마늘(다진 것) 1t,

재료
—
2인분 기준

소고기(다진 것) 200g, 돼지고기(다진 것) 200g, 가지 반 개(생략 가능), 마늘(다진 것) 1t,
올리브오일 2T, 복분자주 1T, 찹쌀가루 1T(가지 사용 시 1t 추가), 매실당 2t, 간장 2t,
후춧가루 조금, 설탕 1t, 찬물 30ml

만드는 법

1. 볼에 분량의 다진 소고기, 다진 돼지고기, 다진 마늘, 올리브오일(1T) 복분자주 찹쌀가루 매실당, 간장, 후춧가루, 설탕을 모두 넣고 손으로 여러 번 치대주세요.
2. 양손으로 고기를 치대면서 약 100g씩 잡아 약 1.5cm 두께의 덩어리로 뭉쳐주세요.(떡갈비에 약 2mm 두께로 얇게 썬 가지를 감아서 구워도 좋아요. 가지에 찹쌀가루를 살짝 묻히면 고기에 잘 붙어요.)
3. 팬에 올리브오일(1T)을 살짝 두르고 약중불에 떡갈비를 약 7~8분간 노릇하게 구워주세요.(떡갈비에 가지를 감았다면 매듭 부위부터 구워주세요.)
4. 앞뒤로 웬만큼 구워지면 중불로 올리고 찬물을 부은 다음 뚜껑을 덮고 2~3분간 속까지 익혀줍니다.

TIP
1 다진 소고기는 부위가 크게 상관없지만 다진 돼지고기는 삼겹살 또는 지방이 많은 부위를 사용하는 것이 좋아요. 다진 소고기와 돼지고기를 섞으면 돼지고기 기름이 더 고소한 맛을 냅니다.
2 가지는 생략해도 됩니다.

솥밥 주재료 활용하기

옥수수크림치즈 딥
CORN & MASCARPONE CHEESE DIPPING SAUCE

재료
—
2인분 기준

옥수수 알갱이 70g, 크림치즈 70g, 고수 10g(깻잎으로 대체 가능), 소금 1/2t, 꿀 2t, 빵 또는 크래커 100g(바게트 종류나 플랫브레드로 대체 가능)

만드는 법

1. 볼에 분량의 옥수수 알갱이, 크림치즈, 고수(또는 깻잎), 소금, 꿀을 모두 넣고 골고루 섞어주세요.
2. 취향에 따라 고수를 더 넣어도 됩니다.
3. 옥수수크림치즈 딥을 바삭한 빵 또는 크래커와 함께 냅니다.

TIP
1 옥수수 알갱이는 캔으로 나온 것이 더 맛있습니다.
2 옥수수의 물기를 꼭 짜고 크림치즈는 냉장고에서 바로 꺼내 섞어야 질감이 살아 있어요.
3 딥은 크래커 등을 찍어 먹는 소스입니다. 술안주로도 아주 좋아요.

전복솥밥
SOTBAB WITH ABALONE

몸에도 좋고 맛도 좋은 전복솥밥. 집에서 해 먹을 때는 내장을 활용해 고소한 맛은 배가하면서 비린내를 잡기가 쉽지 않아요. 요즘은 사계절 내내 전복을 다양하게 즐길 수 있지만, 특히 여름 보양식으로 전복솥밥만 한 것도 없답니다.

재료 — **2인분 기준**	쌀 200g, 가쓰오부시 육수 220ml, 전복 1~2마리(대, 껍질 포함 약 300g), 청주 50ml, 올리브오일 1T, 버터 10g, 샬롯(다진 것) 1t **비빔간장** 간장 2T, 참기름 1t, 쪽파(다진 것) 1T, 매실당 1t, 깨소금 1t

만드는 법	1. 전복 껍질은 솔로 깨끗이 닦아 썰어낸 다음 내장은 떼어내서 살과 분리하세요.(내장 반대편에 있는 이빨은 제거하세요.) 2. 전복살을 얇게 슬라이스로 썰어주세요. 3. 다진 샬롯과 전복 내장을 믹서에 곱게 갈아서 팬에 올리브오일을 두르고 중불에 볶다가 센불에 청주를 붓고 알코올을 날려 비린내를 없애줍니다. 4. 불린 쌀을 솥에 담고 볶은 내장과 버터를 올린 다음 가쓰오부시 육수로 밥물을 맞추고 밥을 지어주세요. 5. 뜸을 들일 때 썰어둔 전복살을 밥 위에 올려주세요. 6. 밥이 다 되면 골고루 섞어서 분량의 재료로 만든 비빔간장과 함께 냅니다.

TIP 전복 이빨은 식감이 좋지 않으니 제거하는 것이 좋습니다.

솥밥 사이드 메뉴 만들기

참나물무침
KOREAN HERB SALAD

재료
—
2인분 기준

참나물 200g, 소금 1t, 고추장 1t, 간장 1t, 식초 1t, 참기름 1t, 매실당 1t, 대파(다진 것) 1T, 깨소금 1t

만드는 법

1. 참나물은 깨끗이 씻어서 이파리만 떼어내세요. 팔팔 끓는 물에 소금을 넣고 참나물을 약 10초
   간 데쳐주세요.
2. 데친 참나물을 찬물에 헹구고 물기를 꽉 짜주세요.
3. 대파는 흰 부분만 다집니다.
4. 물기를 짜낸 참나물은 먹기 좋은 크기로 한두 번 썰어줍니다.
5. 믹싱볼에 참나물을 담고 분량의 다진 대파, 간장, 식초, 고추장, 깨소금, 매실당, 참기름을 넣고
   조물조물 무쳐주세요.

TIP
1 나물무침을 회와 곁들여 먹으면 초장에 찍어 먹을 때보다 훨씬 풍부한 맛을 즐길 수 있어요. 특
히 전복회가 나물과 잘 어울립니다.
2 대파의 이파리는 점액이 나오므로 넣지 않는 것이 좋아요.

솥밥 주재료 활용하기

전복파스타
PASTA WITH ABALONE

재료	전복 1~2개(대, 껍질 포함 약 300g), 물 2.5Ltr, 링귀니 파스타 200g, 마늘(편 썬 것) 2~3개,
—	양파(다진 것) 1/4개, 페페론치노 1t, 생크림 50ml, 화이트와인 100ml,
2인분 기준	엑스트라버진 올리브오일 1t, 올리브오일 100ml, 소금 1+1/3T, 설탕 1/2t, 후춧가루 1/2t, 딜 2장

만드는 법

1   물 2.5Ltr에 소금(1T), 올리브오일(1T)을 넣고 팔팔 끓으면 링귀니 파스타를 넣어 약 9분간 삶아주세요.(면수는 버리지 않고 파스타를 볶을 때 사용합니다.)

2.   깨끗이 씻은 전복은 내장 반대편에 있는 이빨은 제거하고, 내장은 자르거나 손으로 떼어냅니다. 전복살은 슬라이스로 썰어주세요.

3.   팬에 올리브오일(80ml)을 두르고 편으로 썬 마늘과 다진 양파, 페페론치노를 함께 볶아주세요.

4.   전복 내장을 믹서에 갈아서 팬에 넣고 볶다가 화이트와인을 부어 센불에 알코올을 날려 비린 내를 없앱니다.

5.   팬에 생크림을 넣고 소금(1/3t)과 설탕, 후춧가루로 간을 해주세요.

6.   링귀니 파스타를 넣고 면수를 2국자 추가한 다음 전복을 넣고 약 4분간 더 졸여주세요.(면수가 더 필요하면 조금씩 추가합니다.)

7.   파스타를 그릇에 담고 엑스트라버진 올리브오일을 한 번 두르고 딜을 올려서 마무리합니다.(전복 껍질에 담으면 예쁜 플레이팅이 됩니다.)

TIP 파스타 종류는 상관없지만 링귀니처럼 약간 넓은 면이 소스가 더 잘 묻어서 맛있습니다.

오징어솥밥
SOTBAB WITH SQUID

여름이 끝나 갈 무렵에 제철이라 더욱 맛있는 오징어. 오징어솥밥은 내장까지 넣어 밥을 지으니 더욱 고소합니다. 오징어의 쫄깃한 식감을 살려서 맛있게 만들어보세요.

재료
—
2인분 기준

쌀 200g, 가쓰오부시 육수 220ml, 통오징어 1마리(약 150g), 청주 50ml, 버터 20g, 영양부추 조금
비빔간장 쪽파(다진 것) 1t, 간장 2T, 참기름 1t, 매실당 1t, 식초 2t, 깨소금 1t

만드는 법

1. 오징어는 껍질을 벗겨내고 대가리 부분을 잘라 뒤집은 뒤 내장을 떼어내 따로 분리합니다. 오징어 대가리 안쪽은 애(간)만 남겨두고 모두 떼어내고 투명하고 긴 뼈도 제거합니다.
2. 오징어 내장은 물을 살짝 넣고 믹서에 갈아줍니다. 오징어 몸통과 다리는 최대한 잘게 썰어주세요.
3. 솥에 버터를 녹여 불린 쌀을 볶아주세요. 버터가 골고루 배도록 볶은 다음 잘게 썬 오징어살과 청주를 함께 넣고 센불에 약 1분간 볶아주세요.
4. 가쓰오부시 육수로 밥물을 맞춘 다음 갈아둔 오징어 내장을 부어 밥을 지어주세요.
5. 다 된 밥 위에 잘게 썬 영양부추를 올립니다.
6. 분량의 재료로 비빔간장을 만들어 함께 냅니다.(짭조름한 오징어의 간이 밥에 배어서 비빔간장을 넣지 않고 먹어도 됩니다.)

TIP
1 오징어 내장까지 사용하니 꼭 손질하지 않은 통오징어를 준비하세요.
2 밥을 짓기 전에 미리 오징어를 볶으면 비린내가 훨씬 덜하고 고소한 맛도 배가됩니다.

솥밥 사이드 메뉴 만들기

콩나물냉국
COLD BEAN SPROUT SOUP

재료	마른 다시마(자른 것) 3~4장, 국물용 멸치 또는 디포리 4~5마리, 양파(껍질째) 1/2개, 대파 1대,
2인분 기준	콩나물 150g, 새우젓 1T, 간장 1t, 소금 1t, 물 1Ltr, 청양고추 1개

만드는 법

1. 물 1Ltr에 다시마, 멸치 또는 디포리, 껍질째 씻은 양파, 대파(1/2대)를 넣고 센불에 5분간 끓여주세요.(멸치와 디포리는 내장을 제거한 다음 마른 팬에 살짝 구우면 더 깊은 맛이 우러납니다.)
2. 약불로 약 20분간 더 끓이고, 국물만 체로 걸러주세요.
3. 국물에 새우젓을 체로 걸러서 넣고, 분량의 간장과 소금, 송송 썬 대파(1/2대)를 넣어주세요.
4. 손질해서 씻은 콩나물은 끓는 물에 반드시 뚜껑을 열고 약 1분간 데쳐주세요.
5. 데친 콩나물을 찬물에 헹궈서 아삭한 식감을 살립니다.
6. 콩나물과 국물을 따로 냉장고에 넣고 차게 식혀주세요. 먹기 직전에 콩나물을 그릇에 담고 청양고추를 어슷썰어 올린 뒤 국물을 부어주세요.

TIP 멸치보다 디포리가 조금 더 깊은 맛과 감칠맛을 냅니다. 하지만 둘 중 하나를 쓰거나 함께 사용해도 됩니다.

솥밥 주재료 활용하기

태국식 오징어샐러드
THAI STYLE SPICY SQUID SALAD

재료 — **2인분 기준**	오징어 1마리, 고수 15g, 무 200g, 당근 60~70g, 소금 1T, 까나리액젓 1T, 설탕 2T, 마늘(다진 것) 1t, 페페론치노(또는 베트남고추) 1t, 식초 2T, 레몬 1/4개
만드는 법	1. 오징어 몸통은 끓는 물에 약 1분간 데쳐주세요. 2. 데친 오징어를 약 5mm 두께의 링 모양으로 썰어주세요. 3. 무와 당근은 가늘게 채를 썰어서 소금(1T)을 넣고 버무려 약 30분간 재워둡니다. 4. 소금에 절인 무와 당근을 여러 번 헹구고 물기를 손으로 꽉 짜주세요. 5. 까나리액젓에 분량의 설탕, 다진 마늘, 페페론치노(또는 베트남고추), 식초를 섞어서 드레싱 을 만들어주세요. 6. 그릇에 절인 무채와 당근채를 깔고 그 위에 오징어를 올립니다. 고수와 레몬을 올리고 드레싱 을 뿌립니다.

TIP 남은 오징어 대가리와 다리는 버터구이 등에 활용해도 좋아요.

갈치어리굴젓솥밥
SOTBAB WITH HAIRTAIL & SALTED OYSTER

노릇하게 구운 통통하고 부드러운 갈치살과 감칠맛이 일품인 어리굴젓이 잘 어울린다는 것을 아는 사람이 많지 않을 거예요. 2가지로 솥밥을 만들면 그야말로 반찬이 필요 없답니다. 반찬 없이 솥밥 만으로 완벽한 한 끼를 즐겨보세요.

재료
—
2인분 기준

쌀 200g, 가쓰오부시 육수 220ml, 갈치 2토막(특대, 약 300g), 어리굴젓 50g, 소금 1t, 밀가루 50g, 올리브오일 1T, 대파(다진 것) 2T, 청양고추(다진 것) 1개, 참기름 1t, 설탕 1/2t, 깨소금 조금

만드는 법

1. 갈치는 소금으로 살짝 간을 하고 밀가루를 골고루 묻혀주세요.
2. 팬에 올리브오일을 두르고 중불에 갈치를 겉만 노릇하게 구워주세요.
3. 불린 쌀을 솥에 담고 가쓰오부시 육수로 밥물을 맞춘 다음 구운 갈치와 다진 대파를 차례로 올리고 밥을 지어주세요.
4. 어리굴젓에 분량의 참기름과 설탕, 다진 청양고추를 넣어서 양념해주세요.
5. 밥이 다 되면 양념한 어리굴젓을 갈치 위에 올리고 깨소금을 뿌립니다.

TIP 갈치살만 발라내 어리굴젓과 밥을 골고루 섞어서 냅니다.

솥밥 사이드 메뉴 만들기

바질청포도샐러드

GREEN GRAPE SALAD WITH BASIL

재료 — **2인분 기준**	바질 10g, 청포도(씨 없는 것) 100g, 방울토마토 100g, 엑스트라버진 올리브오일 1T, 화이트와인 비네거 2T, 샬롯(다진 것) 1t, 소금 조금, 후춧가루 조금, 꿀 1t
만드는 법	1. 바질은 깨끗이 씻어 물기를 제거해주세요. 2. 방울토마토와 청포도는 반으로 잘라주세요. 3. 소스볼에 분량의 엑스트라버진 올리브오일, 화이트와인 비네거, 다진 샬롯, 소금, 후춧가루, 꿀을 모두 넣고 고루 섞어 드레싱을 만들어주세요.(소금이 바닥에 깔릴 수 있으니 녹을 때까지 잘 섞어주세요.) 4. 믹싱볼에 바질, 방울토마토, 청포도를 담고 드레싱을 뿌려서 고루 섞어주세요.

TIP 그라나 파다노 치즈를 갈아서 올리면 더욱 특별한 샐러드가 됩니다.

솥밥 주재료 활용하기

치즈두부굴젓삼합

LAYERD CHEESE, TOFU AND SALTED OYSTER

재료	어리굴젓 50g, 크림치즈 100g, 두부 100g, 참기름 1t, 설탕 1/3t, 청양고추 1개, 치커리 1~2장(또는
2인분 기준	다진 처빌 조금), 엑스트라버진 올리브오일 1t

만드는 법

1. 청양고추는 씨를 제거하고 잘게 다집니다.
2. 어리굴젓에 다진 청양고추와 참기름, 설탕을 넣고 양념해주세요.
3. 두부를 통째로 끓는 물에 넣고 약 1~2분간 살짝 데쳐주세요.
4. 데친 두부를 키친타월이나 면포에 싸서 물기를 제거하고 으깨주세요.
5. 밥공기나 오목한 그릇에 으깬 두부를 꾹꾹 눌러 담고 뒤집어서 모양을 만들어주세요.
6. 두부 위에 크림치즈와 어리굴젓을 올립니다. 엑스트라버진 올리브오일을 한 번 두르고 다진 치커리(또는 다진 처빌)를 올립니다.

TIP 치커리와 처빌 모두 특별한 맛보다 모양을 내기 위한 재료입니다. 치커리와 처빌 대신 영양부추로 모양을 내도 좋아요.

AUTUMN

유자연어솥밥

SOTBAB WITH RAW SALMON IN YUZU SOY SAUCE

연어는 계절에 상관없이 늘 사랑받는 생선이에요. 특히 산란기인 가을이 되면 육질이 기름져서 맛이 더욱 풍부합니다. 생연어를 간단하게 솥밥에 올리면 색다른 연어 요리를 즐길 수 있어요.

재료	쌀 200g, 가쓰오부시 육수 520ml, 연어 횟감 200g, 마른 다시마(자른 것) 7~8장, 청주 150ml,
2인분 기준	간장 100ml, 대파 1대, 생강 1쪽, 매실당 1T, 설탕 2T, 유자청 1T

만드는 법

1. 손바닥 절반 크기로 자른 마른 다시마에 청주(100ml)를 부어 약 20분간 실온에 두고 불립니다.(작게 자른 다시마를 여러 장 사용해도 됩니다.)
2. 대파는 반으로 잘라 센불에 직화로 겉이 약간 탈 정도로 구워주세요.(대파를 직화로 구우면 향과 맛이 훨씬 잘 우러납니다.)
3. 가쓰오부시 육수(300ml)에 간장, 청주(50ml), 생강, 구운 대파, 매실당, 유자청(건더기 위주), 설탕을 넣고 센불에 약 10분간 끓인 다음 식혀둡니다.
4. 생연어를 약 3cm 두께로 깍둑썰기를 해서 그릇에 담아 식힌 간장을 붓고 불려둔 다시마를 덮어 냉장고에서 최소 12시간 숙성해주세요.
5. 불린 쌀을 솥에 담고 남은 가쓰오부시 육수(220ml)로 밥물을 맞춰 밥을 지어주세요.
6. 다 된 밥 위에 숙성된 연어를 수북이 올리고 남은 간장을 한두 숟가락 끼얹어주세요. 연어 위에 유자청 건더기를 조금 썰어서 올립니다.

TIP 연어는 구이용과 횟감을 따로 판매합니다. 횟감용 생연어 중에서 기름기가 고루 분포된 배 쪽을 사용하는 것이 좋습니다.

솥밥 사이드 메뉴 만들기

대파김치
LEAK KIMCHI(PICKLED LEAK)

1

2

3

4

재료
—
2인분 기준

대파 2대, 소금 1t, 식초 2T, 간장 1t, 매실당 1t, 설탕 1t, 참기름 1t

만드는 법

1. 대파는 반으로 가른 다음 먹기 좋게 약 4cm 길이로 썰어주세요.
2. 팔팔 끓는 물에 소금을 넣고 대파를 약 30초간 데칩니다.
3. 데친 대파를 찬물에 헹궈주세요.
4. 데친 대파에 분량의 식초, 간장, 매실당, 설탕, 참기름을 넣고 조물조물 무쳐주세요.

솥밥 주재료 활용하기

연어스테이크
SALMON STEAK

| 1 | 2 | 3 |
| 4 | 5 | 6 |

재료

—

2인분 기준

연어(구이용 또는 횟감용) 300g, 아스파라거스 2대(약 50g), 올리브오일 1T, 소금 1t, 후춧가루 조금, 화이트와인 100ml, 마요네즈 2T, 홀그레인 머스터드 1T, 레몬즙 1t, 화이트와인 비네거 1T, 꿀 1t, 케이퍼베리 30g, 딜 15g

만드는 법

1. 연어는 소금과 후춧가루를 뿌려서 간을 해주세요.
2. 아스파라거스는 아래쪽 질긴 대 부분만 필러로 껍질을 벗겨냅니다.
3. 팬에 올리브오일을 두르고 중불에 연어를 반드시 껍질 쪽부터 시작해 모든 면을 노릇하게 구워주세요.
4. 연어가 적당히 구워지면 화이트와인을 붓고 뚜껑을 덮어 약 3분간 더 익혀주세요.
5. 분량의 마요네즈, 홀그레인 머스터드, 레몬즙, 꿀, 화이트와인 비네거를 섞어서 소스를 만들어 주세요.
6. 그릇에 소스를 조금 두른 다음 연어 스테이크를 올리고, 딜과 케이퍼베리를 뿌립니다.

TIP

1 횟감용 연어를 사용해서 중간을 덜 익히면 훨씬 촉촉한 스테이크를 즐길 수 있어요. 생선을 구울 때 화이트와인을 부어 익히면 비린내를 없애고 수분으로 속까지 촉촉하게 익힐 수 있습니다. 팬에 종이호일을 깔고 올리브오일을 둘러서 구우면 껍질이 벗겨지지 않아요.

2 케이퍼베리 대신 케이퍼를 사용해도 됩니다.

단호박대하솥밥

SOTBAB WITH SHRIMPS AND PUMPKIN

가을이 되면 가장 먼저 생각나는 2가지 재료로 솥밥을 만들어보았어요. 단호박과 대하는 각기 다른 단맛을 가지고 있어 솥밥으로 만들면 단맛이 은은하게 올라와 입맛을 돋운답니다. 그리고 단호박의 달달함과 새우의 짭짤함이 굉장히 잘 어울립니다.

재료
—
2인분 기준

쌀 200g, 표고버섯 육수 220ml, 단호박 100g, 대하 6마리(중, 약 300g), 청주 50ml, 영양부추(잘게 썬 것) 조금, 베이킹소다 조금

만드는 법

1. 새우는 깨끗이 씻은 다음 대가리를 떼어내고, 껍질과 내장을 제거합니다. 대가리는 밥을 지을 때 사용하니 버리지 말고 남겨두세요.
2. 새우살과 대가리를 청주에 약 30분간 재워두세요.
3. 단호박은 베이킹소다로 문질러서 씻은 다음 통째로 전자레인지에 넣고 약 4분간 익혀주세요. 껍질과 씨를 제거하고 노란 속살만 슬라이스로 썰어주세요.
4. 불린 쌀을 솥에 담고 표고버섯 육수로 밥물을 맞춘 다음 단호박 슬라이스와 새우 대가리를 올리고 밥을 지어주세요.
5. 뜸을 들이기 직전에 새우살과 버터를 올려주세요.
6. 다 된 밥 위에 잘게 썬 영양부추를 올리고 골고루 섞어서 냅니다.

TIP 새우 등 쪽에 길게 박혀 있는 내장은 이쑤시개를 이용해 깔끔하게 제거해야 쓴맛을 없앨 수 있어요.

솥밥 주재료 활용하기

단호박트러플수프
PUMPKIN SOUP WITH TRUFFLE SALSA

재료	단호박 200g, 우유 250ml, 트러플 살사 5g, 소금 1t, 설탕 1t, 밀가루 5g, 생크림 20ml
— **2인분 기준**	

만드는 법

1. 단호박은 껍질과 씨를 제거하고 깍둑썰기를 합니다.
2. 단호박에 물을 살짝 붓고 전자레인지에 약 6분간 익혀주세요.(이렇게 하면 90% 이상 익어요.)
3. 믹서에 익힌 단호박을 우유와 함께 넣고 갈아주세요.
4. 냄비에 버터를 넣고 약불에 녹이다가 밀가루를 넣고 살짝 볶아주세요.(전체적으로 기포가 올라오면서 끓는 정도가 적당합니다.)
5. 갈아둔 단호박을 냄비에 붓고 약불로 끓이면서 소금과 설탕으로 간을 해주세요.
6. 수프를 그릇에 담고 트러플 살사를 올린 다음 생크림을 둘러줍니다.

TIP 생물로 구하기 힘든 트러플을 정제수나 오일에 절여놓은 것이 트러플 살사입니다. 트러플 함량에 따라 가격 차이가 나므로 취향에 따라 선택하면 됩니다. 트러플 외에 올리브나 다른 재료가 섞여 있지 않은 것이 좋아요.

솥밥 주재료 활용하기

명란새우오일파스타

PASTA WITH POLLACK ROE AND SHRIMPS

재료 — 2인분 기준	스파게티면 200g, 명란젓 30g, 대하 6~7마리(중, 약 300g), 마늘(편 썬 것) 4개, 양파(다진 것) 1/4개, 올리브오일 100ml, 화이트와인 100ml, 소금 1T, 간장 1t, 설탕 1/2t, 바질 15g, 페페론치노 1t, 후춧가루 조금, 물 2Ltr

만드는 법

1. 물 2Ltr에 소금 1T, 올리브오일(1t)을 넣고 팔팔 끓으면 스파게티면을 넣고 약 9분간 익혀주세요.(면수는 버리지 말고 남겨두세요.)
2. 새우는 대가리와 꼬리를 남기고 몸통만 껍질을 벗긴 뒤 내장을 이쑤시개로 제거해주세요.
3. 명란젓은 가운데를 갈라서 속만 긁어냅니다.
4. 팬에 올리브오일(80ml)을 두르고 편으로 썬 마늘과 다진 양파를 페페론치노와 함께 볶아주세요.
5. 마늘과 양파 향이 올라오면 새우와 명란젓을 넣고 가볍게 볶다가 화이트와인을 붓고 센불에 알코올을 날려 잡내를 제거합니다.
6. 분량의 간장, 설탕을 넣고 간을 맞춰주세요.
7. 삶은 스파게티면을 넣고 남겨둔 면수를 2국자 부어서 자작하게 졸입니다.
8. 스파게티를 그릇에 담고 바질과 후춧가루를 뿌립니다.

TIP 파스타는 포장지에 알덴테(ALDENTE)라고 적힌 시간만큼 삶아서 소스에 3분 정도 졸이면 적당하게 익혀집니다.

우럭솥밥
SOTBAB WITH ROCKFISH

찬바람이 불면 살이 더욱 통통하게 오르는 우럭. 회나 매운탕으로 먹어도 맛있지만 솥밥을 만들면 우럭의 고소한 기름이 밥에 배어 영양과 맛이 훨씬 좋답니다. 우럭 한 마리를 통째로 즐겨보세요.

재료	쌀 200g, 가쓰오부시 육수 220ml, 우럭 1마리(소, 약 300g), 버터 10g, 청주 200ml,
—	대파(다진 것) 1/2대
2인분 기준	**생강간장** 생강(채 썬 것) 1t, 간장 2T, 매실당 1t, 참기름 1t

만드는 법

1. 우럭에 청주를 붓고 30분간 재워둡니다.
2. 팬에 버터와 다진 대파를 넣고 중불에 볶아주세요.(다진 대파는 반만 사용하고 남겨두세요.)
3. 팬에 우럭을 넣고 겉만 노릇하게 구워주세요.(토치를 이용해서 불맛을 내도 좋아요.)
4. 불린 쌀을 솥에 담고 가쓰오부시 육수로 밥물을 맞춘 다음 우럭을 올리고 다진 대파를 뿌려 밥을 지어주세요.
5. 분량의 재료로 생강간장을 만들어 솥밥과 함께 냅니다.

TIP 손질할 때 우럭 간은 빠뜨리지 말고 꼭 챙겨달라고 하세요. 우럭 간을 버터, 대파와 같이 볶으면 고소함이 배가됩니다.

솥밥 사이드 메뉴 만들기

배추된장무침
CHINESE CABBAGE SALAD WITH SOYBEAN PASTE

재료 — **2인분 기준**	알배추 300g, 대파(다진 것) 1T, 된장 1t, 매실당 1t, 들기름 1t, 깨소금 1/2t
만드는 법	1. 알배추는 약 3cm 크기로 썰어서 끓는 물에 약 10초간 데쳐주세요. 2. 데친 알배추를 찬물에 헹구고 손으로 물기를 꼭 짜주세요. 3. 데친 알배추에 분량의 다진 대파, 된장, 매실당, 들기름을 넣고 조물조물 무쳐주세요. 4. 마지막으로 깨소금을 뿌립니다.

TIP
1 냉장보관하면 맛이 떨어지니 바로 먹을 양만 만드는 것이 좋아요.
2 이 레시피로 취나물을 무쳐도 맛있어요.

솥밥 주재료 활용하기

우럭버터구이
GRILLED ROCKFISH WITH BUTTER

재료	우럭 1마리(중, 약 450g), 아스파라거스 2대, 타임 생잎 10g, 샬롯(채 썬 것) 40g, 버터 40g,
2인분 기준	소금 1T, 화이트와인 100ml

만드는 법

1. 종이호일을 크게 잘라서 사탕 모양으로 가운데가 열리는 주머니를 만들어주세요.
2. 우럭의 겉과 속에 소금 간을 해주세요.
3. 송이호일 주머니 속에 우럭을 넣고 질긴 대 부분만 껍질을 벗긴 아스파라거스와 타임 생잎, 채 썬 샬롯을 우럭 주변에 넣어주세요.
4. 우럭 위에 버터를 올리고 화이트와인을 부어주세요.
5. 주머니를 잘 덮고 180도 예열한 오븐에 45분간 구워줍니다.

TIP

1 아스파라거스 대신 깍지콩, 타임 생잎 대신 타임 가루를 사용해도 됩니다.
2 내장을 제거하고 손질한 우럭을 사는 것이 조리하기 편리합니다. 대가리와 꼬리는 잘라내지 않은 우럭이 보기 좋습니다.

대패삼겹살청경채솥밥
SOTBAB WITH PORKBELLY AND PAKCHOI

두툼한 삼겹살도 맛있지만 얇은 대패삼겹살도 나름의 매력이 있어요. 고소한 대패삼겹살과 아삭한 청경채를 넣어 한 끼로 그만인 솥밥을 지어보세요.

재료
—
2인분 기준

쌀 200g, 표고버섯 육수 220ml, 대패삼겹살 200g, 올리브오일 1T, 청경채 4대, 간장 2T, 매실당 1T, 미림 1T, 설탕 1t, 대파(다진 것) 1대, 생강(다진 것) 1t, 마늘(다진 것) 1t

만드는 법

1. 대패삼겹살은 먹기 좋은 크기로 적당히 썰어주세요.
2. 청경채는 밑동을 잘라내고 이파리를 하나씩 뜯어서 씻어주세요.
3. 대패삼겹살에 분량의 간장, 매실당, 미림, 설탕, 다진 대파, 다진 생강, 다진 마늘을 넣고 조물조물 무쳐서 재워둡니다.
4. 팬에 올리브오일을 두르고 재워둔 대패삼겹살을 올려 센불에 80% 정도 익혀주세요.
5. 불린 쌀을 솥에 담고 표고버섯 육수로 밥물을 맞춘 다음 볶은 대패삼겹살을 올리고 밥을 지어 주세요.
6. 뜸을 들이기 직전에 청경채를 수북이 올려주세요. 밥이 다 되면 골고루 섞어서 냅니다.

TIP 대패삼겹살 대신 우삼겹 등 기름 많은 부위를 사용해도 좋아요.

솥밥 사이드 메뉴 만들기

유즈코쇼미소된장국
YUZU MISO SOUP

재료	유즈코쇼 1t, 물 1Ltr, 미소된장 2T, 대파(다진 것) 1/2대, 디포리(또는 멸치) 5~6마리, 마른 다시마
2인분 기준	(자른 것) 3~4장, 두부 1/4모

만드는 법

1. 물에 디포리(또는 멸치), 마른 다시마를 넣고 약 10분간 끓여 육수를 만들어주세요.
2. 육수는 체로 건더기를 건져 국물만 남겨주세요.
3. 육수에 미소된장을 풀고 다진 대파를 넣어주세요.
4. 미소된장국에 유즈코쇼를 넣고 잘 풀어줍니다.
5. 깍둑썰기를 한 두부를 넣어줍니다.

TIP 일본에서 많은 음식에 사용하는 유즈코쇼는 청유자 껍질과 매운 고추, 소금으로 만든 일본 규슈 지방의 양념입니다. 유즈코쇼 대신 유자청 건더기를 와사비와 1:1로 섞어서 사용해도 됩니다.

솥밥 주재료 활용하기

마늘청경채볶음
STIR FRIED PAK CHOI WITH GARLIC

재료	청경채 6대, 통마늘 6개, 대파(다진 것) 1/2대, 생강(편 썬 것) 1쪽, 굴소스 1T, 올리브오일 1t
—	
2인분 기준	

만드는 법

1. 마늘은 편으로 썰어주세요.
2. 청경채는 썰지 않고 통째로 깨끗이 씻어주세요.
3. 팬에 올리브오일을 두르고 편으로 썬 마늘과 생강, 다진 대파를 약불에 볶아주세요.
4. 마늘과 대파 향이 올라오기 시작하면 굴소스를 넣고 한 번 더 볶아주세요.
5. 마지막으로 청경채를 넣고 약 1분간 볶아줍니다.

TIP 청경채는 푹 익히면 아삭한 식감이 사라져 맛이 떨어지니 살짝만 볶아줍니다.

꽃게솥밥
SOTBAB WITH CRAB

가을에는 봄처럼 알이 꽉 찬 암게를 기대하긴 힘들지만 그 대신 살이 꽉 찬 수게를 즐길 수 있어요.
단맛이 도는 게살을 듬뿍 올리고 등딱지까지 넣어서 솥밥을 지으면 맛은 물론 보기에도 좋아 손님
상에 그만이에요.

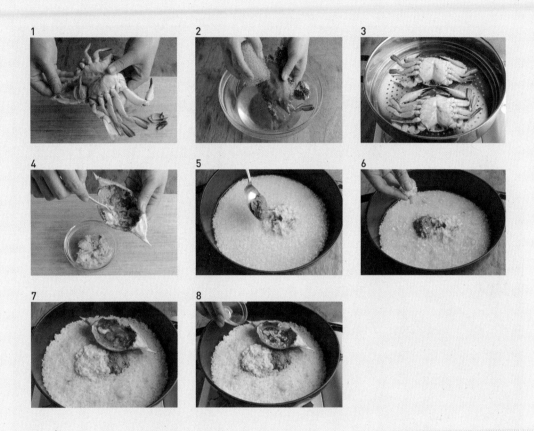

재료
—
2인분 기준

쌀 200g, 가쓰오부시 육수 220ml, 활꽃게 2마리(대, 약 800g), 대파(다진 것) 1/2대,
게딱지장(캔) 90g, 미림 1T, 맥주 1Ltr, 참기름 1/3t

만드는 법

1. 꽃게는 다리 끝을 가위로 잘라내고 배딱지를 제거해주세요.
2. 꽃게 껍질과 다리 사이사이를 솔로 문질러 흐르는 물에 깨끗이 씻어주세요.
3. 냄비에 꽃게 등딱지가 밑으로 가도록 놓고 맥주를 부어 약 10분간 찝니다.
4. 찐 꽃게는 등딱지의 내장을 제외하고 살을 모두 발라주세요.
5. 불린 쌀을 솥에 담고 게살과 게딱지장을 올려주세요.
6. 가쓰오부시 육수로 밥물을 맞춘 다음 다진 대파와 미림을 넣고 밥을 지어주세요.
7. 뜸을 들이기 직전에 등딱지를 넣어주세요.
8. 다 된 밥 위에 참기름을 뿌리고 등딱지에 들어 있는 내장까지 긁어내 밥과 골고루 섞어서 냅니다.

TIP 냉동꽃게는 많이 비릴 수 있으니 활꽃게를 추천합니다. 물 대신 맥주를 붓고 찌면 비린내가
없어지고 고소한 맛이 배가됩니다.

솥밥 사이드 메뉴 만들기

유즈코쇼홍합탕
YUZU MUSSEL SOUP

재료	홍합 500g, 대파(다진 것) 1/2대, 마늘(편 썬 것) 5~6개, 청주 1T, 유즈코쇼 1/2t, 소금 조금,
2인분 기준	물 2Ltr, 유자청 건더기 1T

만드는 법

1. 홍합은 솔로 문질러서 깨끗이 씻어주세요. 깨지거나 벌어진 것을 골라내고 수염을 껍질 안쪽으로 당겨 떼어낸 다음 흐르는 물에 씻어주세요.
2. 냄비에 불을 붓고 다진 대파, 편으로 썬 마늘을 넣어 팔팔 끓여주세요.(다진 대파는 조금 남겨두세요.)
3. 끓는 물에 홍합을 넣고 청주를 부은 다음 뚜껑을 덮어 중불에 약 20분간 끓여주세요.
4. 모자란 간은 소금으로 맞춥니다.
5. 유즈코쇼와 유자청 건더기를 넣어 잘 풀어주고, 다진 대파를 조금 더 넣어 약 1~2분간 끓여줍니다.

TIP 유자청 건더기를 넣어 유자 향을 더해도 좋아요.

솥밥 주재료 활용하기

로제소스꽃게볶음
STIR FRIED CRAB WITH ROSE SAUCE

재료	
2인분 기준	활꽃게 1마리(대, 700~800g), 게살장 1캔 90g, 마늘(다진 것) 2~3개, 양파(다진 것) 1/4개, 페페론치노 1t, 화이트와인 100ml, 토마토소스 200g, 생크림 100ml, 이탈리안 파슬리(다진 것) 조금, 올리브오일 50ml, 그라나 파다노 치즈 5g, 설탕 1t, 소금 2t, 후춧가루 조금, 엑스트라버진 올리브오일 1T

만드는 법

1. 꽃게는 다리 끝을 가위로 잘라내고 배딱지를 떼어냅니다.
2. 꽃게 껍질과 다리 사이사이를 솔로 문질러 흐르는 물에 깨끗이 씻어주세요.
3. 꽃게는 등딱지를 제외하고 몸통을 절반으로 잘라주세요.
4. 팬에 올리브오일을 두르고 중불에 다진 마늘과 다진 양파, 페페론치노를 볶아주세요.
5. 손질한 꽃게와 게살장을 팬에 넣고 화이트와인을 부어 센불에 알코올을 날리면서 약 5분간 충분히 볶아주세요.
6. 토마토소스와 크림을 넣고 끓이면서 소금, 설탕으로 간을 해주세요.
7. 그릇에 꽃게볶음을 담고 다진 이탈리안 파슬리를 뿌린 다음 엑스트라버진 올리브오일을 둘러 주세요. 마지막으로 후춧가루를 뿌리고 그라나 파다노 치즈를 갈아서 올립니다.

TIP 스파게티면을 80%만 익혀 로제소스에 면수 1국자를 넣고 졸이면 맛있는 꽃게 파스타를 즐길 수 있어요.

가리비관자솥밥
SOTBAB WITH SCALLOPS

가을바람이 솔솔 불면 살이 오르고 단맛이 더욱 좋아지는 부드러운 가리비로 솥밥을 지어보세요.
계절이 바뀌며 몸 컨디션도 떨어지는데 특별한 재료로 솥밥을 해 먹으면 기력도 좋아지고 기분 전
환도 된답니다.

재료
2인분 기준

쌀 200g, 가쓰오부시 육수 220ml, 가리비 7~8개(중, 약 200g), 올리브오일 1T, 대파 1/2대(흰 부분),
미림 1T, 시소 생잎 5~6장(깻잎으로 대체 가능)

만드는 법

1. 대파는 잘게 다져서 준비하세요.
2. 가리비 껍질을 솔로 닦아서 깨끗이 씻은 뒤 찜기에 넣고 입이 벌어질 때까지 센불에 약 1~2분
   간 찝니다.
3. 가리비를 둘러싸고 있는 지느러미와 내장을 떼어내세요.(식감이 좋지 않은 지느러미는 떼어내
   서 버리는 것이 좋지만 기호에 따라 사용해도 됩니다.)
4. 가리비살만 미림에 담가두세요.
5. 팬에 올리브오일을 두르고 중불에 불린 쌀과 다진 대파를 함께 볶아주세요.
6. 볶은 쌀을 솥에 담고 가쓰오부시 육수로 밥물을 맞춰 밥을 지어주세요.
7. 뜸 들이기 직전에 가리비살을 올려주세요.
8. 밥이 다 되면 시소 생잎을 여러 장 겹쳐서 돌돌 말아 잘게 채를 썰어서 가리비 위에 올립니다.

솥밥 사이드 메뉴 만들기

얼큰대합탕

SPICY GIANT CLAM SOUP

| 재료 | 대합 300g, 마늘(다진 것) 1t, 대파(다진 것) 1/2대, 물 1.5Ltr, 소금 1t, 청양고추 1개 |

2인분 기준

만드는 법

1. 대합은 껍질을 솔로 문질러서 흐르는 물에 깨끗이 씻어주세요.
2. 물에 소금(1t)을 넣고 씻은 대합을 약 30분 동안 담가서 해감합니다.
3. 대파는 잘게 다지고 청양고추는 가늘게 어슷썰기를 해주세요.
4. 끓는 물에 대합, 다진 마늘, 다진 대파를 넣고 약 10~15분간 끓여주세요.
5. 대합의 입이 벌어지기 시작하면 청양고추를 넣고 한소끔 더 끓입니다.
6. 모자란 간은 소금으로 맞추는데, 심심하게 먹는 것이 좋아요.

솥밥 주재료 활용하기

가리비감자그라탕
POTATO GRATIN WITH SCALLOPS

| 재료 — 2인분 기준 | 감자 2개(약 200g), 가리비 관자 7~8개(중, 약 200g), 크림 250ml, 모차렐라 치즈 100g, 소금 1t, 설탕 1t, 후춧가루 조금, 파슬리(다진 것) 조금, 미림 1T |

만드는 법

1. 가리비 관자는 끓는 물에 미림을 넣고 삶아서 잘게 썰어주세요.(가리비는 크기에 따라 삶는 시간이 다른데, 비린내를 제거할 정도만 살짝 익히면 됩니다.)
2. 감자는 껍질을 벗기고 약 3cm 크기로 깍둑썰기를 합니다.
3. 감자에 물을 조금 붓고 전자레인지에 약 7분간 익혀주세요.
4. 익힌 감자는 포크 등으로 으깨서 크림과 섞어주고 설탕, 소금, 후춧가루로 간을 맞춥니다.(믹서에 갈아도 됩니다.)
5. 오븐 용기에 으깬 감자를 깔고 잘게 썬 가리비 관자를 올린 다음 모차렐라 치즈를 뿌려주세요.
6. 190도로 예열한 오븐에 약 20분간 굽고 다진 파슬리를 뿌려줍니다.

TIP 그라나 파다노 치즈를 뿌리면 풍미가 더욱 좋습니다.

차돌박이밤솥밥

SOTBAB WITH BEEF BRISKET AND CHESTNUT

활짝 벌어진 밤송이를 보면 가을이 완연하다는 것을 느끼게 됩니다. 잘 익은 달달한 밤과 차돌박이로 솥밥을 만들어 깊어가는 가을날에 좋아하는 사람들과 함께 즐겨보세요.

재료	쌀 200g, 표고버섯 육수 220ml, 생밤(깐 것) 100g, 차돌박이 100g, 소금 조금, 후춧가루 조금,
—	대파 조금
2인분 기준	**비빔간장** 간장 2T, 참기름 1t, 쪽파(다진 것) 1T, 매실당 1t, 깨소금 1t

만드는 법

1. 불린 쌀을 솥에 담고 생밤을 쌀 중간중간 넣은 다음 표고버섯 육수로 밥물을 맞춰 밥을 지어주세요.
2. 기름을 두르지 않은 마른 팬에 차돌박이를 넣고 소금, 후춧가루로 간을 해서 바짝 구워 먹기 좋은 크기로 잘라주세요.
3. 대파는 잘게 다져서 준비하세요.
4. 다 된 밥 위에 구운 차돌박이를 올리고 다진 대파를 뿌립니다.
5. 분량의 재료로 만든 비빔간장과 함께 솥밥을 냅니다.

TIP 기호에 따라 은행을 넣으면 밤과 아주 잘 어울립니다.

솥밥 사이드 메뉴 만들기

샐러리장아찌
PICKLED SALARY IN SOY SAUCE

재료

—

2인분 기준

셀러리 1단, 물 200ml, 간장 200ml, 식초 200ml, 매실당 100ml, 설탕 3T, 레몬즙 50ml

만드는 법

1. 셀러리는 깨끗이 씻어서 약 5cm 길이로 어슷썰기를 한 다음 열탕소독한 유리병에 담아주세요.
2. 냄비에 분량의 물, 간장, 식초, 매실당, 설탕을 넣고 한 번 끓여주세요.
3. 뜨거운 간장을 셀러리에 부어주세요.
4. 레몬즙을 넣고 상온에서 식혔다가 냉장고에 2~3일 숙성해서 먹습니다.

<u>TIP</u>

1 셀러리장아찌는 냉장보관합니다.

2 유리병에 보관하면 냄새가 배지 않고, 한 달까지 냉장보관할 수 있어요.

솥밥 주재료 활용하기

밤콩포트
CHESTNUT COMPOTE

재료	생밤(깐 것) 300g, 물 400ml, 꿀 2T, 설탕 3T, 우유 100ml, 버터 30g, 소금 1/2t

2인분 기준

만드는 법

1. 냄비에 생밤과 분량의 물, 꿀, 설탕을 넣고 약불에 약 30분간 졸여주세요.
2. 익은 밤을 건져서 믹서에 우유와 함께 갈아주세요.(절대 묽어지면 안 된다는 점에 주의합니다.)
3. 냄비에 우유와 함께 간 밤을 붓고 버터와 소금을 넣어주세요.
4. 약불에 버터가 모두 녹을 때까지 저어줍니다.(밤콩포트는 녹은 아이스크림 정도의 묽기가 적당합니다.)

TIP 콩포트는 생과일이나 말린 과일을 설탕에 졸인 것으로 잼과 비슷합니다. 밤콩포트는 빵에 발라 먹어도 되고 스테이크에 곁들여도 아주 맛있습니다.

꽁치솥밥
SOTBAB WITH SAURY

가을에 더 기름지고 맛있는 꽁치는 뼈째 먹으면 더욱 고소해요. 간장에 졸인 꽁치를 얹어서 솥밥을
해 먹으면 한 끼 식사로 충분하답니다.

재료	쌀 200g, 가쓰오부시 육수 220ml, 생꽁치 2마리, 청주 100ml, 올리브오일 2T, 물 100ml,
2인분 기준	간장 100ml, 유자청 1T, 매실당 1T, 대파 1대, 생강 1쪽(약 10g), 마른 다시마(자른 것) 1~2장(3g)

만드는 법

1. 깨끗이 손질한 꽁치에 청주를 부어 상온에 약 20분간 재워두세요.
2. 생강은 절반만 다져주세요.(나머지 절반은 통째로 간장에 넣을 거예요.)
3. 대파는 반으로 잘라 센불에 직화로 겉이 약간 탈 정도로 구워주세요.(대파를 직화로 구우면 향과 맛이 훨씬 잘 우러납니다.)
4. 분량의 물에 간장, 유자청, 통생강 절반, 매실당, 구운 대파, 마른 다시마를 넣고 센불에 약 10분간 끓여주세요.
5. 청주에 재워둔 꽁치를 건져서 팬에 올리브오일을 두르고 중불에 겉만 노릇하게 구워주세요.
6. 불린 쌀을 솥에 담고 가쓰오부시 육수를 부은 다음 살짝 구운 꽁치를 올리고 끓인 간장(2T)을 넣어 밥물을 맞춥니다.
7. 밥이 다 되면 꽁치살을 발라서 다진 대파, 다진 생강을 넣고 함께 비벼서 냅니다.

솥밥 사이드 메뉴 만들기

유자우엉볶음
STIR FRIED BURDOCK WITH YUZU

재료	우엉 100g(약 2개), 식초 1T, 유자청 2T, 간장 1T, 매실당 1t, 깨소금 1t, 올리브오일 1T

2인분 기준

만드는 법

1. 우엉은 미지근한 물에 약 20분 정도 담가둡니다.
2. 감자칼로 우엉 껍질을 벗기고 얇게 어슷썰기를 해주세요.
3. 물에 식초를 넣고 끓여서 우엉을 약 1분간 데친 다음 찬물에 헹궈주세요.
4. 팬에 올리브오일을 두르고 중불에 데친 우엉을 볶다가 분량의 간장, 유자청, 매실당을 넣고 한 번 더 볶아주세요.
5. 깨소금을 뿌리고 한 번 더 볶아줍니다.

TIP

1 우엉을 미지근한 물에 담가두면 껍질이 잘 벗겨집니다.
2 우엉볶음을 용기에 담고 식혀서 밑반찬처럼 냉장보관합니다.

솥밥 주재료 활용하기

꽁치파스타
OIL PASTA WITH SAURY

재료	생꽁치 2마리, 꽁치 통조림 50g, 링귀니 파스타 150g, 물 2.5Ltr, 올리브오일 100ml, 마늘(편 썬 것)
—	3~4개, 양파(다진 것) 1/4개, 페페론치노 1t, 화이트와인 80ml, 밀가루 2T, 소금 1T+1t,
2인분 기준	후춧가루 조금, 설탕 1/2t, 딜(생략 가능), 엑스트라버진 올리브오일 1T, 그라나 파다노 치즈 10g

만드는 법

1. 생꽁치는 살짝 씻어 소금(1t), 후춧가루로 밑간을 한 다음 밀가루를 살짝 묻혀주세요.
2. 오븐팬에 올리브오일을 두르고 생꽁치를 올린 다음 200도로 예열한 오븐에 약 35분간 구워주세요.
3. 물 2.5Ltr에 소금(1T), 올리브오일(1T)을 넣고 팔팔 끓으면 링귀니 파스타를 넣어 알덴테로 삶아주세요.(면수는 버리지 않고 남겨둡니다.)
4. 팬에 올리브오일을 두르고 중불에 편으로 썬 마늘과 다진 양파, 페페론치노를 볶아주세요.
5. 꽁치 통조림을 국물까지 모두 팬에 넣고 살을 부스러뜨리면서 볶아주고 설탕으로 간을 맞춥니다.
6. 화이트와인을 붓고 센불에 알코올을 날려 비린내를 없앤 다음 알덴테로 익힌 링귀니 파스타를 넣어주세요.
7. 면수를 2국자 넣고 면수가 조금만 남을 때까지 졸입니다.
8. 파스타를 그릇에 담고 구운 꽁치를 올린 다음 엑스트라버진 올리브오일을 두르고, 딜, 그라나 파다노 치즈를 갈아서 올립니다.

TIP 파스타는 포장지에 적힌 시간을 참고해서 알덴테로 삶아주세요.

WINTER

멸치연근솥밥
SOTBAB WITH ANCHOVY AND LOTUS ROOT

어릴 때는 좋아하지 않던 채소들이 나이가 들수록 맛있게 느껴지곤 하죠. 그중 하나가 바로 연근이에요. 생으로는 아삭하지만 조리면 쫀득한 식감의 연근은 함께 어우러지는 재료의 맛을 더욱 살려줍니다. 익숙한 멸치와 연근으로 독특하고 맛있는 솥밥을 즐겨보세요.

재료 — 2인분 기준	쌀 200g, 가쓰오부시 육수 230ml, 연근 100g, 세멸치 50g, 간장 2t, 매실당 2t, 올리고당 1t, 마늘(다진 것) 1t, 올리브오일 1T, 식초 1t, 깨소금 1t, 영양부추(다진 것) 1t

만드는 법

1. 연근은 감자칼로 껍질을 벗기고 약 5mm 두께로 동그랗게 썰어주세요.
2. 끓는 물에 식초를 넣고 연근을 약 30분간 데칩니다.
3. 기름을 두르지 않은 마른 팬에 멸치를 고루 볶아서 따로 담아두세요.(팬이 달궈지면 멸치가 금방 탈 수 있어요. 팬을 불에서 올렸다 내렸다 하면서 노릇노릇할 때까지 볶아주세요.)
4. 팬에 올리브오일을 두르고 다진 마늘을 볶다가 멸치와 간장을 넣고 뒤적이면서 볶아주세요.
5. 반드시 불을 끄고 매실당과 올리고당을 넣어주세요.(팬을 계속 가열한 상태에서 넣으면 한데 엉겨붙어 덩어리가 집니다.)
6. 불린 쌀을 솥에 담고 가쓰오부시 육수로 밥물을 맞춘 다음 간장에 볶은 멸치와 데친 연근을 올리고 밥을 지어주세요. 마지막으로 다진 영양부추와 깨소금을 뿌립니다.

TIP
1 멸치가 크면 식감이 떨어지니 가장 작은 세멸치를 사용합니다.
2 연근은 식초를 넣고 데쳐야 갈변하지 않아요.

솥밥 주재료 활용하기

연근칩과 명란마요 딥
LOTUS ROOT CHIPS WITH POLLACK ROE MAYO

재료	연근 100g, 명란젓 50g, 식용유(튀김용) 500ml, 소금 1t, 마요네즈 50g, 핫소스 1t, 레몬즙 1T, 꿀 1t
2인분 기준	

만드는 법

1. 연근은 껍질을 벗기고 약 3mm 두께로 얇고 동그랗게 썰어주세요.
2. 연근을 찬물에 약 30분간 담가두고 전분기를 빼주세요.
3. 전분기를 뺀 연근은 종이타월로 물기를 제거합니다.
4. 팬에 식용유를 붓고 온도가 오르면 연근을 넣고 약 30~40초간 살짝만 튀겨주세요.
5. 튀긴 연근은 기름기를 뺀 다음 소금을 가볍게 뿌려주세요.
6. 명란젓은 가운데 길게 칼집을 내고 속만 발라냅니다.
7. 발라낸 명란젓에 분량의 마요네즈와 핫소스, 레몬즙, 꿀을 섞어 소스를 만들고 튀긴 연근과 함께 냅니다.

TIP 연근은 전분기를 빼야 더 바삭하게 튀겨져요. 연근이 얇아서 오래 튀기면 타기 쉬우니 주의합니다. 식용유의 온도는 손을 가까이 댔을 때 뜨끈한 정도가 적당합니다.

솥밥 주재료 활용하기

멸치우메보시주먹밥
RICE BALLS WITH ANCHOVY AND PICKLED PLUMS

재료 — 2인분 기준	세멸치 50g, 밥 300g, 참기름 1t, 깨소금 1t, 우메보시 4개, 단무지 10g, 시소 생잎 2~3장, 김(초밥용) 1장

만드는 법

1. 시소 생잎과 단무지는 물기를 완전히 제거하고 잘게 다져주세요. 마지막 장식용으로 쓸 시소 생잎 1장을 남겨둡니다.
2. 기름을 두르지 않은 마른 팬에 멸치를 볶아서 따로 담아두세요. (팬이 달궈지면 멸치가 금방 탈 수 있어요. 팬을 불에서 올렸다 내렸다 하면서 노릇노릇할 때까지 볶아주세요.)
3. 믹싱볼에 밥, 볶은 멸치, 참기름, 깨소금, 다진 단무지, 다진 시소 생잎을 넣고 비벼주세요.
4. 우메보시의 씨를 제거해주세요.
5. 비빈 밥에 우메보시를 1개 넣고 동그랗게 또는 삼각형으로 뭉쳐 주먹밥을 만들어주세요.
6. 김을 알맞게 잘라서 주먹밥을 감싸주세요.

TIP
1 우메보시는 붉은빛보다 갈색빛이 도는 것이 더 은은한 맛을 냅니다.
2 남은 밥이나 식은 밥을 활용해도 됩니다.

마명란솥밥

SOTBAB WITH YAM AND POLLACK ROE

마는 특유의 끈적한 식감 때문에 호불호가 많이 갈리는 뿌리작물입니다. 하지만 마를 명란과 함께 솥밥으로 지으면 마를 좋아하지 않는 사람들도 맛있게 즐길 수 있어요. 특히 위장에 좋은 음식이기 때문에 속이 불편한 사람에게는 더없이 좋은 메뉴입니다.

재료	쌀 200g, 가쓰오부시 육수 210ml, 마 300g, 명란젓 50g, 간장 1t, 유즈코쇼 1/3t, 올리브오일 1t,
2인분 기준	영양부추(다진 것) 10g, 깨소금 1/2t

만드는 법

1. 마는 감자칼로 껍질을 벗겨 강판에 갈아주세요.(마는 미끄러우므로 손잡이 부분 껍질은 남기고 깎아야 안전해요.)
2. 간 마에 간장과 유즈코쇼를 넣어 간을 해주세요.
3. 불린 쌀을 솥에 담고 가쓰오부시 육수로 밥물을 맞춰 밥을 지어주세요.
4. 팬에 올리브오일을 두르고 중불에 명란젓을 굴려가면서 겉만 노릇하게 구워주세요.(명란은 구울 때 겉에 붙은 알이 팝콘처럼 튀어오르니 주의합니다.)
5. 구운 명란을 약 1cm 두께로 썰어주세요.
6. 다 된 밥 위에 양념해둔 마를 올리고 그 위에 구운 명란을 가지런히 올려주세요.
7. 마지막으로 다진 영양부추와 깨소금을 뿌립니다.

TIP 명란은 겉만 익혀야 맛이 살아나니 속까지 익히지 않도록 유의하세요.

솥밥 사이드 메뉴 만들기

차완무시(일본식 달걀찜)
JAPANESE STEAMED EGGS

재료
—
2인분 기준

달걀 2개, 가쓰오부시 육수 300ml(달걀물의 1.5배), 표고버섯 1개, 설탕 1/2t, 소금 1/3t

만드는 법

1. 달걀을 풀어서 체에 걸러 알끈을 제거하세요.(반드시 알끈을 제거해야 부드러운 달걀찜이 됩니다.)
2. 중탕 그릇에 달걀물과 가쓰오부시 육수를 붓고 설탕과 소금으로 간을 합니다.
3. 반드시 약불에 30분간 중탕합니다.
4. 약 5mm 두께로 썬 표고버섯을 달걀찜 위에 올려주세요.
5. 중탕으로 10분 더 익힙니다.

TIP 표고버섯 대신 어묵이나 볶은 은행을 올려도 좋아요. 동그란 어묵이나 꽃 모양 어묵은 얇게 슬라이스로 썰어서 올립니다.

솥밥 주재료 활용하기
명란브루스케타
BRUSCHETTA WITH SCRAMBLED EGGS AND POLLACK ROE

재료	명란젓 40g, 바게트 4쪽, 달걀 4개, 엑스트라버진 올리브오일 2t, 무염버터 20g, 설탕 1t, 소금 1/3t, 딜 5g(생략 가능)
2인분 기준	

만드는 법

1. 바게트에 엑스트라버진 올리브오일을 가볍게 뿌려주세요.
2. 오일을 두르지 않은 팬에 바게트를 노릇노릇 구워주세요.(토스터 또는 오븐으로 구워도 됩니다.)
3. 달걀을 풀고 소금과 설탕으로 간을 해주세요.
4. 팬에 버터를 녹이고 중불에 달걀물을 저어가며 스크램블을 만들어주세요.
5. 명란젓은 가운데를 길게 칼집을 내서 속만 발라냅니다.
6. 구운 바게트 위에 스크램블과 명란젓을 차례로 올리고 딜로 장식합니다.

TIP 약간 덜 익었다 싶을 때 불을 꺼야 촉촉한 스크램블을 즐길 수 있어요. 조금만 더 가열해도 물기가 말라 달걀 볶음이 되니 불 조절에 유의합니다.

굴솥밥
SOTBAB WITH OYSTERS

찬바람이 불면 오동통 살이 오르는 굴은 생으로 먹든, 익히거나 튀기든, 어떻게 조리해서 먹어도 맛
있답니다. 굴과 잘 어울리는 채소는 뭐니 뭐니 해도 무입니다. 겨울에 맛이 가장 좋은 굴과 무로 솥
밥을 지어보세요.

재료	쌀 200g, 가쓰오부시 육수 180ml, 생굴 100g, 무 80g
2인분 기준	**비빔간장** 간장 2T, 참기름 1t, 매실당 1t, 깨소금 1t, 고춧가루 1t, 쪽파(다진 것) 1T

만드는 법

1. 무는 가늘게 채를 썰어주세요.
2. 물린 쌀을 솥에 담고 가쓰오부시 육수로 밥물을 맞춘 다음 무채를 올리고 밥을 지어주세요.
3. 흐르는 물에 살짝 헹군 굴은 뜸을 들일 때 밥 위에 올리고 익힙니다.
4. 분량의 재료로 비빔간장을 만들어주세요. 밥이 다 되면 비빔간장을 넣고 비벼서 냅니다.

TIP 무에서 수분이 나오기 때문에 육수를 보통 양의 70%만 맞춥니다.

솥밥 사이드 메뉴 만들기

배무침
SPICY KOREAN PEAR SALAD

재료	배 1개, 쪽파(또는 미나리) 30g, 고춧가루 1T, 간장 1T, 설탕 1T, 식초 2T
—	
2인분 기준	

만드는 법

1. 배는 껍질을 깎아내고 가늘게 채를 썰어주세요.
2. 쪽파(또는 미나리)도 배와 비슷한 길이로 썰어줍니다.
3. 배, 쪽파(또는 미나리)를 볼에 담아 분량의 고춧가루, 간장, 설탕, 식초를 넣고 무쳐주세요.

TIP

1 배가 부서지지 않도록 살짝살짝 섞듯이 가볍게 무쳐주세요.
2 배무침을 생굴에 곁들여도 아주 맛있습니다. 아삭한 배가 굴의 풍미를 한층 더 살려줍니다.

솥밥 주재료 활용하기

석화그라탕

ROCK OYSTER GRATIN

재료	석화 10개, 마늘(다진 것) 5g, 버터 10g, 소금 1/2t, 마스카포네 치즈 2T, 모차렐라 치즈 100g,
—	파슬리 가루 2t, 빵가루 20g, 엑스트라버진 올리브오일 1T
2인분 기준	

만드는 법

1. 석화는 솔로 껍질을 문질러 씻고 한쪽 껍질만 제거한 뒤, 물로 가볍게 헹궈주세요.
2. 오븐용 트레이에 석화를 놓고, 분량의 다진 마늘과 버터, 소금을 섞어서 올려주세요.
3. 석화 위에 빵가루를 올린 다음 마스카포네 치즈와 모차렐라 치즈를 올립니다.
4. 200도로 예열한 오븐에 석화를 약 20분간 구워주세요.
5. 구운 석화 위에 엑스트라버진 올리브오일을 두르고 파슬리 가루를 뿌립니다.

TIP 석화는 가장자리가 선명한 검은색을 띠는 것이 알이 탱글탱글하고 싱싱합니다.

닭갈비솥밥
SOTBAB WITH GRILLED SPICY CHICKEN

추운 겨울, 매운 닭갈비를 먹으면 이마에 땀이 송글송글 맺히고 속까지 뜨끈해지면서 기분 좋은 열기가 느껴집니다. 매콤한 닭갈비로 솥밥을 지어 스트레스를 확 날려보세요.

재료
—
2인분 기준

쌀 200g, 표고버섯 육수 220ml, 닭다리살 200g, 미림 1T, 대파(다진 것) 2T, 마늘(다진 것) 1t, 고추장 1T, 복분자주 1T, 매실당 1t, 설탕 1T, 간장 1T, 올리브오일 1T, 깨소금 1t

만드는 법

1. 닭다리살은 먹기 좋게 한입 크기로 썰어서 미림을 붓고 상온에 약 20분간 재워두세요.
2. 믹싱볼에 닭다리살과 분량의 다진 대파, 다진 마늘, 고추장, 복분자주, 매실당, 설탕, 간장을 넣고 조물조물 버무려주세요.
3. 불린 쌀을 솥에 담고 표고버섯 육수로 밥물을 맞춰 밥을 지어주세요.
4. 팬에 올리브오일을 두르고 중불에 양념한 닭다리살을 굴려가며 약 5분간 구워주세요.
5. 닭다리살의 겉이 어느 정도 익으면 약불로 줄이고 약 10분간 더 구워 완전히 익혀주세요.
6. 다 된 밥 위에 구운 닭다리살을 올리고 깨소금을 뿌립니다.

솥밥 사이드 메뉴 만들기

더덕셔벗
DEODOCK SHERBET

재료
—
2인분 기준

더덕 30g, 우유 30ml, 배맛 음료 100ml, 설탕 1t, 소금 1t

만드는 법

1. 더덕은 감자칼로 껍질을 벗기세요.
2. 끓는 물에 소금을 넣고 약 30초간 더덕을 살짝 데친 다음 식혀주세요.
3. 믹서에 데친 더덕과 우유, 배맛 음료, 설탕을 넣고 갈아주세요.
4. 유리나 스테인리스 재질의 낮은 사각통에 간 더덕을 넣고 냉동실에 3시간 이상 얼려주세요.
5. 얼린 더덕셔벗을 아이스크림 스쿱이나 숟가락으로 살살 긁어서 그릇에 냅니다.

TIP 매운 닭갈비솥밥을 먹고 더덕셔벗으로 입안을 식히면 안성맞춤이에요. 배나 사과로 셔벗을 만들어도 좋습니다.

솥밥 주재료 활용하기

더덕닭갈비
GRILLED SPICY CHICKEN

재료	닭다리살 200g, 더덕 100g, 미림 1T, 올리브오일 1T, 대파(다진 것) 2T, 마늘(다진 것) 1t,
2인분 기준	고추장 1T, 복분자주 1T, 매실당 1t, 설탕 1T, 간장 1T, 깨소금 1t

만드는 법

1. 닭다리살은 먹기 좋게 한입 크기로 썰어서 미림을 붓고 상온에 약 20분간 재워두세요.
2. 더덕은 감자칼로 껍질을 벗기세요.
3. 밀대나 방망이로 더덕을 충분히 두들겨주세요.(너무 약하게 두들기면 더덕 특유의 섬유질이 나오지 않고, 너무 세게 두들기면 부스러지니 주의합니다.)
4. 분량의 다진 대파, 다진 마늘, 고추장, 복분자주, 매실당, 설탕, 간장, 깨소금으로 양념장을 만들어 닭다리살과 더덕을 모두 버무리고 반나절(12시간) 동안 냉장고에 재워두세요.
5. 팬에 올리브오일을 두르고 양념한 더덕과 닭다리살을 약중불에 약 15분 이상 볶아주세요. 닭다리살은 반드시 껍질 쪽부터, 더덕은 앞뒤로 뒤집어가며 구워주세요.

TIP 반나절 동안 재워두면 닭다리살에 양념이 제대로 배어들어 반찬은 물론 술안주로도 그만이에요.

아귀솥밥
SOTBAB WITH MONKFISH

살이 많고 담백한 아귀는 주로 매콤한 찜으로 많이 해 먹는데, 아귀의 담백함을 살려 솥밥으로 지으면 더욱 맛있게 즐길 수 있어요. 아귀솥밥을 특제 소스에 비벼 먹으면 추운 겨울 입맛 당기는 한 그릇이 될 거예요.

재료

—

2인분 기준

쌀 200g, 가쓰오부시 육수 220ml, 아귀 순살 150g, 미림 1T, 미나리(다진 것) 2T, 콩나물 30g, 대파(다진 것) 1/2대, 마늘(다진 것) 1개, 생강(다진 것) 1/2쪽, 올리브오일 1T, 소금 1/2t, 후춧가루 조금

비빔간장 간장 1T, 연겨자 1/2t, 식초 2T, 매실당 1t, 물 1t, 쪽파(다진 것) 1T, 깨소금 1t

만드는 법

1. 아귀살은 먹기 좋은 크기로 잘라 미림에 재워두세요.
2. 팬에 올리브오일을 두르고 중불에 다진 대파, 다진 마늘, 다진 생강을 향이 올라올 때까지 볶아주세요.
3. 팬에 아귀살을 넣고 센불에 볶아서 절반 정도 익힌 다음 소금과 후춧가루로 가볍게 간을 해주세요.
4. 콩나물은 끓는 물에 뚜껑을 열고 약 1분간 살짝 데쳐 찬물에 헹궈주세요.
5. 불린 쌀을 솥에 담고 가쓰오부시 육수로 밥물을 맞춰 밥을 지어주세요. 뜸을 들일 때 다진 미나리와 2~3등분한 콩나물을 올려주세요. (콩나물은 기호에 따라 자르지 않아도 됩니다.)
6. 밥이 다 되면 분량의 재료로 만든 비빔간장과 함께 냅니다.

솥밥 사이드 메뉴 만들기

아귀간달걀찜
JAPANESE STYLE STEAMED EGGS WITH MONKFISH LIVER

재료	아귀간 50g, 달걀 3개, 가쓰오부시 육수 200ml(달걀물의 1.5배), 청주 200ml, 소금 1/2t, 설탕 1t,
2인분 기준	쑥갓 1쪽(생략 가능)

만드는 법

1. 냄비에 청주를 부어 아귀간을 넣고 센불에 약 5분간 끓여주세요.
2. 달걀을 풀어서 체로 걸러 알끈을 제거해주세요.(반드시 알끈을 제거해야 부드러운 달걀찜이 됩니다.)
3. 중탕 그릇에 달걀물과 가쓰오부시 육수를 붓고 소금과 설탕으로 간을 해주세요.
4. 달걀물에 익힌 아귀간을 넣고 약불에 약 30분간 중탕합니다.
5. 쑥갓을 올리고 약 10분간 더 중탕으로 익혀주세요.

TIP 아귀간 대신 명란을 사용해도 좋아요.

솥밥 주재료 활용하기

아귀폰즈
MONKFISH WITH PONZ SAUCE

재료
—
2인분 기준

아귀 순살 200g, 미림 2T, 올리브오일 1T, 마늘(다진 것) 1t, 생강(다진 것) 1t, 물미역 50g,
무(간 것) 50g, 간장 2t, 식초 2T, 매실당 2t, 대파(다진 것) 1T

만드는 법

1. 아귀살은 먹기 좋은 크기로 잘라 미림에 약 15분간 재워두세요.

2. 팬에 올리브오일을 두르고 중불에서 다진 마늘과 다진 생강을 볶다가 향이 올라오면 아귀살을
   넣고 센불에 볶아주세요.

3. 물미역은 여러 번 씻은 뒤 먹기 좋은 크기로 잘라 그릇에 깔아주세요.(물미역은 소금에 절여져
   있기 때문에 여러 번 씻어야 짠맛을 제거할 수 있어요.)

4. 강판에 간 무에 분량의 간장, 식초, 매실당을 섞어서 소스를 만들고 물미역에 부어주세요.

5. 소스 위에 볶은 아귀살과 다진 대파를 올립니다.

우엉불고기솥밥
SOTBAB WITH BULGOGGI AND BURDOCK

외국인이 가장 좋아하는 한국 음식인 불고기는 언뜻 비슷비슷해 보이지만 곁들이는 재료와 양념에 따라 다양한 맛과 모양으로 즐길 수 있어요. 소고기 본연의 맛을 살려 너무 달지 않고 심심하게 양념한 불고기도 충분히 맛있습니다. 불고기와 함께 겨울이 제철인 우엉을 넣어서 솥밥을 지으면 추운 겨울날 따뜻한 한 끼가 될 거예요.

재료
—
2인분 기준

쌀 200g, 표고버섯 육수 220ml, 우엉 1/2개(약 30g), 소불고깃감 200g, 복분자주 1T, 간장 2T, 매실당 1T, 설탕 1T, 올리브오일 1T, 생강(다진 것) 1t, 마늘(다진 것) 1t, 대파(다진 것) 1/2대, 대파(어슷썬 것) 1/2T, 후춧가루 1/2t, 깨소금 조금

만드는 법

1. 소고기는 먹기 좋은 크기로 잘라 복분자주와 매실당, 설탕을 넣고 조물조물 버무려주세요.
2. 우엉은 감자칼로 껍질을 벗기고 끓는 물에 약 1분간 데친 다음 가늘게 채를 썰어주세요.
3. 불린 쌀을 솥에 담고 표고버섯 육수로 밥물을 맞춘 다음 우엉채를 올리고 밥을 지어주세요.
4. 소고기에 분량의 간장, 올리브오일, 다진 생강, 다진 마늘, 다진 대파, 후춧가루를 넣고 버무린 다음 30분간 재워두세요.
5. 팬에 양념한 불고기와 어슷썬 대파를 올려 센불에 물기 없이 바짝 볶아주세요.
6. 다 된 밥 위에 볶은 불고기를 우엉 주위로 올리고 깨소금을 뿌려 비벼서 냅니다.

TIP
1 솥밥에 들어가는 불고기는 얇은 것이 좋으니 일반 불고깃감보다 우삼겹이나 샤브샤브용을 사용합니다.
2 올리브오일을 넣어 재우면 고기가 더 연해져요. 양념에 재우기 전에 설탕을 먼저 넣고 버무리면 단맛이 빨리 배어 감칠맛이 살아납니다.

솥밥 사이드 메뉴 만들기

무장아찌달걀말이
EGG ROLLS WITH PICKLES

재료	달걀 4개, 무장아찌 10g, 설탕 1/2t, 소금 1/2t, 대파(다진 것) 1T, 올리브오일 1T
2인분 기준	

만드는 법

1. 무장아찌는 양념을 꼭 짜고 잘게 다져주세요.(무장아찌의 꼬들꼬들한 식감을 살릴 거예요.)
2. 달걀을 풀어 소금, 설탕으로 간을 하고, 다진 대파와 다진 무장아찌를 섞어주세요.
3. 팬에 올리브오일을 두르고 중불에 달걀물을 절반만 부어서 약불로 서서히 구워주세요.(사각팬을 이용하면 더 편리합니다.)
4. 달걀이 익어가면 돌돌 말아주면서 나머지 달걀물을 다시 바닥에 부어주세요.
5. 달걀물을 붓고 굴려가면서 더 두툼하게 구워주세요.

TIP

1 부추나 양파장아찌 등 다른 장아찌를 넣어도 됩니다.

2 돌돌 말린 부분을 살짝 들어서 그 밑으로 달걀물을 흘려주면 두껍고 단단한 달걀말이를 만들 수 있어요.

솥밥 주재료 활용하기

일본식 스키야키
JAPANESE STYLE HOT POT

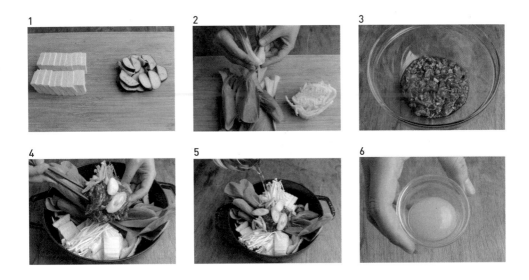

재료
—
2인분 기준

소불고깃감 200g, 간장 2T, 복분자주 1T, 올리브오일 1T, 매실당 1T, 설탕 1T, 생강(다진 것) 1t, 마늘(다진 것) 1t, 대파(다진 것) 1대, 대파(어슷썬 것) 1/2대, 후춧가루 1/2t, 가지 1/2개, 두부 1/2모, 가쓰오부시 육수 1Ltr, 알배추 1/4통, 청경채 3~4대, 팽이버섯 조금, 달걀노른자 2개, 참기름 1t, 깨소금 조금

만드는 법

1. 가지는 세로로 절반을 가른 다음 약 5mm 두께로 썰고, 두부도 먹기 좋은 크기로 납작하게 썰어 주세요. 대파는 어슷썰고 팽이버섯은 먹기 좋게 1~2등분 해주세요.

2. 알배추와 청경채는 깨끗이 씻어서 손으로 한장 한장 떼어주세요.(큰 이파리는 세로결로 찢어 주세요.) 알배추는 먹기 좋은 크기로 썰어주세요.

3. 소고기에 분량의 간장, 복분자주, 올리브오일, 매실당, 설탕, 다진 생강, 다진 마늘, 다진 대파, 후춧가루를 넣고 조물조물 버무립니다.

4. 전골냄비에 모든 채소와 두부는 가장자리를 따라 둘러가면서 담고 한가운데 양념한 소고기를 올립니다. 소고기 위에 어슷썬 대파를 올려주세요.

5. 전골냄비에 가쓰오부시 육수를 붓고 끓여주세요.

6. 불고기와 채소를 찍어 먹을 수 있도록 종지에 달걀노른자를 담고 참기름과 깨소금을 뿌려서 함께 냅니다.

TIP 식탁에서 끓여가며 뜨끈하게 먹으면 더욱 맛있습니다.

메로솥밥

SOTBAB WITH SWEET TOOTHFISH

기름진 육질이 풍미가 좋아 고급 음식으로 사랑받는 메로는 특제 양념을 발라서 구우면 코스 메인 요리로도 손색없어요. 짭조름한 메로구이로 솥밥을 만들면 아이부터 어른까지 모두 좋아한답니다.

재료
—
2인분 기준

쌀 200g, 가쓰오부시 육수 300ml, 메로(구이용) 250g, 미림 2T, 올리브오일 1T, 소금 조금, 후춧가루 조금, 데리야키 간장 100ml, 백미소된장 1T, 매실당 1T, 설탕 1T, 생강 1쪽, 버터 10g, 청주 2T, 마른 다시마(자른 것) 3~4장(약 5g), 깨소금 조금

만드는 법

1. 메로는 미림에 약 20분간 재워 비린내를 제거합니다.
2. 데리야키 간장에 백미소된장, 매실당, 설탕, 생강, 버터, 청주, 가쓰오부시 육수(100ml), 마른 다시마를 넣고 센불에 약 8분간 끓여주세요.
3. 불린 쌀을 솥에 담고 가쓰오부시 육수(200ml)로 밥물을 맞춘 다음 끓인 데리야키 소스(2T)를 넣고 밥을 지어주세요.
4. 팬에 올리브오일을 두르고 중불에 메로를 구워주세요. 소금, 후춧가루를 살짝 뿌려가며 약 3~4분간 겉만 노릇노릇하게 구워줍니다.
5. 구운 메로에 남은 데리야키 소스를 붓고 뒤집어가며 소스가 절반으로 줄어들 때까지 조려주세요.
6. 다 된 밥 위에 메로 구이를 올리고 깨소금을 뿌려주세요.

TIP 백미소된장이 다른 된장보다 덜 짠 편이라 추천합니다.

솥밥 사이드 메뉴 만들기

매시포테이토
EXTRA CREAMY MASHED PATATO

재료
—
2인분 기준

감자 2개(약 200g), 마요네즈 100g, 버터 30g, 설탕 2t, 소금 1+1/2t, 우유 100ml

만드는 법

1. 감자는 껍질을 벗겨 깍둑썰기를 해주세요.
2. 끓는 물에 감자와 소금(1t)을 조금 넣고 중불에 완전히 익을 때까지 삶아주세요.(감자 크기에 따라 삶는 시간이 다르지만 보통 20분 정도면 속까지 익어요.)
3. 익은 감자를 건져서 체에 걸러가며 곱게 으깨주세요.
4. 으깬 감자에 분량의 마요네즈, 버터, 설탕, 소금(1/2t), 우유를 넣고 고루 섞어주세요.

TIP
1 으깬 감자를 체에 거르면 입자가 고와서 식감이 더욱 부드러워요. 포크나 기타 도구로 으깬 것과는 완전히 다르니 힘들어도 꼭 체에 걸러주세요.
2 냉장보관했다가 빵에 발라 먹어도 좋아요.

솥밥 주재료 활용하기

메로강정
SWEET & SPICY DEEP FRIED TOOTHFISH

재료	메로(스테이크용) 250g, 미림 2T, 소금 1/2t, 후춧가루 1/2t, 튀김가루 250g, 찬물 100ml,
2인분 기준	식용유(튀김용) 500ml, 올리브오일 1T, 마늘(다진 것) 1t, 케첩 2T, 고추장 1T, 매실당 1T, 깨소금 1t

만드는 법

1. 메로는 껍질을 벗겨내고 한입 크기로 썰어서 미림을 붓고 상온에 약 20분간 재워두세요.
2. 미림을 따라버리고 메로에 분량의 소금, 후춧가루로 가볍게 간을 해주세요.
3. 튀김가루에 찬물을 섞어 반죽을 만들어주세요.
4. 메로에 튀김 반죽을 입히고 식용유를 중불에 달궈 약 3~4분간 노릇노릇하게 튀겨주세요.(튀김 반죽 1방울을 떨어뜨렸을 때 곧바로 튀어오르는 정도가 적당한 온도인 약 180도입니다.)
5. 팬에 올리브오일을 두르고 중불에 다진 마늘을 볶다가 향이 올라오면 케첩, 고추장, 매실당을 넣고 볶아서 소스를 만들어주세요.
6. 중불을 유지한 상태에서 튀긴 메로를 넣고 소스가 배도록 고루 섞은 다음 깨소금을 뿌려주세요.

TIP
1 튀김 반죽을 찬물로 만들면 훨씬 바삭하게 튀겨집니다.
2 메로는 1마리를 통째로 사면 손질하기 어려우니 손질된 스테이크용이 요리하기 수월합니다.

마트 재료로 레스토랑처럼, 누구나 할 수 있어요.